die Buchreihe
zur website

mathetreff-online

www.mathetreff-online.de

AF285166

Zinsrechnung

einfach erklärt

Hallo!
Ich bin **Mady** und lerne mit dir das Zinsrechnen. Ich wünsche dir viel Spaß beim Lernen und Üben!

Dieses Buch gehört

_____

Copyright © Christian Hensel (»Chris« – mathetreff-online.de-Team)

Dieses Buch darf ohne die schriftliche Genehmigung des Autors weder ganz noch teilweise kopiert, fotokopiert, reproduziert, übersetzt oder in elektronische oder maschinenlesbare Form konvertiert werden. Der Benutzer darf dieses Buch weder ganz noch teilweise für andere Zwecke drucken, reproduzieren, weitergeben oder weiterverkaufen. Dies gilt insbesondere für kommerzielle Zwecke, wie den Verkauf von Kopien dieses Buches.

Der Autor übernimmt keine Haftung für die Vollständigkeit und Richtigkeit. Irrtümer vorbehalten.

1. Auflage: 17.02.2021

ISBN: 9783753423852

Herstellung und Verlag: BoD Books on Demand , Norderstedt

Inhaltsverzeichnis

1. Vorwort

Hallo!

Sersheim, im Februar 2021

Vielen Dank für den Kauf dieses Buches.

Mit der eigenen Buchreihe zur Website geht das mathetreff-online-Team einen Schritt weiter und kombiniert das Lernen online und offline zu einem Gesamtpaket. Angefangen als Hobby zweier Realschüler im Großraum Stuttgart wurde aus der kleinen Homepage bis heute ein wachsendes Portal – eine feste Größe innerhalb der Nische „Mathe lernen im Internet".

Die Website wurde damals im Jahr 2000 ins Leben gerufen, um den oft trockenen Lernstoff des Faches Mathematik für unsere Mitschüler und uns selbst aufzubereiten. Eben nur auf moderne Art und Weise, gemixt mit einer ordentlichen Portion Spaß. Auch wenn wir mittlerweile keine Schüler mehr sind und fest im (nicht akademischen) Berufsleben stehen, hat sich an diesem Grundgedanken nichts geändert.

Anhand der vielen Feedbacks versuchen wir ständig, die Website an die Bedürfnisse unserer Besucher anzupassen. Mehr über die Website findest du am Ende dieses Buches. Auch für dieses Buch wünschen wir uns konstruktive Rückmeldungen. Über die Positiven freuen wir uns natürlich besonders ☺!

Du erreichst uns per E-Mail ✉ (buch@mathetreff-online.de), über Facebook f (www.facebook.com/mathetreffonline) oder über Twitter 🐦 (@mathetreffonlin – das „e" am Ende von „mathetreffonline" wollte Twitter nicht hergeben ☺).

Wenn dir dieses Buch besonders gut gefällt, empfehle es doch deinen Freunden, Mitschülern, Eltern oder auch deinen Lehrern weiter! Falls du in den sozialen Netzwerken aktiv bist, like 👍 uns doch auf Facebook und/oder folge uns auf Twitter.

Viel Spaß mit dem Buch wünschen dir die Gründer von mathetreff-online

Philipp „Phil" Schrenk und Christian „Chris" Hensel

2. was ist eigentlich ein Zins?

Eine einschlägige Enzyklopädie erklärt Zinsen wie folgt: Zins (lateinisch census, „Abschätzung") ist in der Wirtschaft das Entgelt, das der Schuldner dem Gläubiger als Gegenleistung für vorübergehend überlassenes Kapital zahlt.

Mit dieser Erklärung kannst du bestimmt nicht allzu viel anfangen. Dazu erkläre ich dir zunächst einmal die Begriffe anhand eines anschaulichen Beispiels: Marias Eltern wollen sich ein kleines Häuschen kaufen. Sie haben lange gespart und endlich eins gefunden, das ihnen gefällt. Leider kostet es mehr als sie bisher gespart haben. Daher müssen sie sich den fehlenden Geldbetrag von der Bank leihen. Die Bank bietet ihnen dazu einen Kredit mit 5 % Zinsen, den sie anschließend in kleinen Teilbeträgen wieder zurückbezahlen. Grafisch dargestellt, sieht das so aus:

verleiht Kapital (Geld)

Kapitalgeber (Bank)

bezahlt Kapital und Zinsen zurück

Kapitalnehmer (Marias Eltern)

Der geliehene Geldbetrag, auch Darlehen oder Kredit genannt, oder der Geldbetrag auf dem Sparbuch wird in der Zinsrechnung als Kapital bezeichnet. Das Kapital ist wieder in einem festgelegten Zeitraum vollständig zurückzubezahlen. Es ist der Ausgangswert der Zinsrechnung, da die Zinsen von ihm abhängen. Da in der Zinsrechnung zwei Geldbeträge auftauchen, ist das Kapital der größere von beiden.

Kapital (Geld)

4

Derjenige, der das Kapital zur Verfügung stellt und verleiht, wird Kapitalgeber oder Gläubiger genannt. Gläubiger deswegen, da er „glaubt", dass derjenige, dem er das Kapital geliehen hat, es auch wieder zurückbezahlt. Der Kapitalgeber kann dabei eine Bank, Sparkasse oder sonst jemand sein, der ein Teil seines Kapitals verleiht. Aber auch wenn Maria den Inhalt ihres Sparschweins auf ihr Sparbuch einzahlt, tritt sie in diesem Fall als Kapitalgeber auf.

Kapitalgeber/
Gläubiger (Bank)

Derjenige, der sich das Kapital ausleiht, wird Kapitalnehmer oder Schuldner genannt. Schuldner deswegen, da er jetzt Schulden bei demjenigen hat, der ihm Kapital geliehen hat. Er ist verpflichtet, das geliehene Kapital in einem festgelegten Zeitraum wieder vollständig an den Kapitalgeber zurückzubezahlen. Der Kapitalnehmer kann dabei eine einzelne oder mehrere Personen, wie Marias Eltern, eine Firma oder sogar ein ganzes Land sein.

Kapitalnehmer/
Schuldner
(Marias Eltern)

Die Zinsen (vom lateinischen Wort »census«, das „Abschätzung" bedeutet) sind ein Entgelt, das vom Kapitalnehmer zusätzlich zum geliehenen Kapital an den Kapitalgeber zu bezahlen ist, sozusagen eine „Leihgebühr". Sie sind der kleine Geldbetrag in der Zinsrechnung, da sie ein Prozentsatz des geliehenen Kapitals darstellen. Aber auch, wenn du Geld bei der Bank auf dem Sparbuch anlegst, bekommst du am Jahresende von ihr dafür Zinsen.

Zinsen

Dabei ist der Zins keine neumodische Erscheinung, ihn gibt es bereits seit über 4.000 Jahren! In dieser langen Zeit erlebte er viele Höhen und Tiefen. Lange bevor das Geld erfunden wurde, das wir heute kennen, wurde er als Naturallohn in Form von Gegenständen, z. B. Eier, Gänse oder Hühner, bezahlt. Die Sumerer (ein Volk in Vorderasien) führten vermutlich bereits 2.400 vor Christus den Zinsbegriff »maš« ein, der ins Deutsche übersetzt etwa Kalb oder Ziegenjunges bedeutet.

Ganz früher verlangten Großbauern einen Naturalzins für das Verleihen von Saatgut z. B. Getreide. Nach der Ernte am Jahresende mussten die Schuldner die geliehene Menge natürlich wieder an den Großbauern zurückgeben.

Da die Großbauern das verliehene Saatgut nicht selbst anbauen konnten, wollten sie natürlich einen Ausgleich für den Ertragsausfall. Somit verlangten sie teilweise einen Aufschlag von bis zu 50 Prozent. Das bedeutete, wenn sich jemand 100 kg Getreide lieh, so musste er die 100 kg und den Aufschlag zurückgeben. Bei 50 % Aufschlag sind das noch einmal die Hälfte, also 50 kg. Insgesamt mussten 150 kg zurückgegeben werden.

Konnte der Schuldner das geliehene Getreide nicht zurückgeben, drohte ihm die Schuldknechtschaft. Dabei musste er seine Arbeitskraft verpfänden, wobei er oft keine Aussicht hatte, dadurch seine Schuld abzutragen. So mussten viele für den Rest ihres Lebens als Knecht dienen. Vor diesem Hintergrund haben Religionen den Zins zunächst verboten, dann doch wieder erlaubt oder schränkten ihn ein, um die Schuldner zu schützen. So beschloss der 6. König von Babylonien Hammurapi I., dass für Gerste nur noch ein Aufschlag von 33,3 % erhoben werden durfte.

Mit Einführung des Metallgeldes ab ca. 1.000 v. Chr. änderte sich einiges. Man konnte sich nun Geld leihen, um damit allerlei Sachen zu kaufen. Damit verlor der Naturalzins an Bedeutung. Ein Kleinbauer konnte nun Saatgut von einem Großbauern abkaufen. Besaß er das benötigte Geld nicht, so konnte er es sich von einem Geldverleiher leihen.

Das römische Recht führte mit dem »Mutuum«, ein zinsloses Darlehen an Verwandte ein, bei dem Zinsen nur gesondert erhoben werden konnten. Es begrenzte 451 v. Chr. mit dem Zwölftafelgesetz den Zins auf ein Zwölftel der Darlehenssumme (8,33 %). Bald darauf wurde der Höchstzinssatz halbiert, zum Ende der Römischen Republik lag er dann sogar bei 12 %.

Im Christentum sollten in Not geratene bedürftige Personen zinslose Darlehen bekommen. Ein Verstoß gegen dieses Zinsverbot hatte für damalige Verhältnisse schwerwiegende Folgen wie Ausweisung aus der Gemeinde oder Verweigerung des kirchlichen Begräbnisses. Karl der Große (von 768 bis 814 König des Fränkischen Reichs) erklärte im März 789 das Zinsverbot zum weltlichen Verbot. Somit musste nur das Kapital zurück erstattet werden.

Da für die Juden die christlichen Regeln und damit das Zinsverbot nicht galt, entwickelten sie sich im Hochmittelalter zu Geldverleihern. Zudem erlaubte die Thora Zinsgeschäfte mit Nichtjuden. Im 15. Jahrhundert erkannte das Reichskammergericht an, das der Kapitalnehmer neben dem Darlehen auch für das aufgelaufene Interesse zu bezahlen schuldig sei. Somit waren die Zinsen wieder zulässig und wurden natürlich auch wieder verlangt. Die Zinsen wurden an bestimmten Tagen im Jahr fällig (die so genannten Zinstage) und mussten an diesen auch bezahlt werden.

Der italienische Diplomat Ferdinando Galiani (1728–1787) bezeichnete den Zins humorvoll als „die Frucht des Geldes", der als „Preis für das Herzklopfen des Gläubigers" zu bezahlen ist.

mathetreff-online

3. Die Zinsrechnung

Nachdem wir uns mit den ganzen Begriffen beschäftigt haben, schauen wir und die eigentliche Zinsrechnung Schritt für Schritt anhand ersten Rechnungen an. Damit wir loslegen können, stellen wir uns zuerst die Formel zusammen.

Die Zinsrechnung ist eine einfache Rechnung. Du hast hierbei eine kurze Formel mit nur vier Werten, von denen sogar einer fest vorgegeben ist. Daher ist auch das Umstellen der Formel relativ einfach, falls du einen anderen Wert als die Zinsen berechnen musst. Aber wie du die Formel umstellst, zeige ich dir an gegebener Stelle.

Für die nachfolgenden Rechnungen nehmen wir folgende Situation: Marias Mutter hat 30.000 €, die sie momentan nicht benötigt. Bevor sie den Geldbetrag bei sich zu Hause aufbewahrt, legt sie ihn bei der Bank ihres Vertrauens für drei Jahre zu einem Zinssatz von 4 % an. Das bedeutet, sie legt die 30.000 € (das Kapital) bei der Bank an, indem sie es der Bank „ausleiht" und tritt somit als Kapitalgeber auf. Die Bank ist der Kapitalnehmer und muss folglich dafür Zinsen bezahlen. Der Zinssatz, der von der Bank festgelegt wurde, beträgt 4 %. Das bedeutet, sie bekommt jedes Jahr 4 von 100 Teilen ihres Kapitals von der Bank als „Belohnung".

Vereinfacht sieht dies so aus:

legt Kapital an

Marias Mutter

Bank

bekommt geliehenes Kapital und Zinsen zurück

3.1. Die Formel

Damit du die Zinsen berechnen kannst, benötigst du zuallererst das **Kapital**, das angelegt wurde. Das Kapital wird in der Formel mit einem großgeschriebenen **K** dargestellt.

Der **Zinssatz** ist eine Prozentzahl und wird daher mit dem Kleinbuchstaben **p** dargestellt. Setzt du diese Prozentzahl in die Rechnung ein, müsstest du den Zinssatz in der Form 0,... schreiben, denn 4 % stellt die Dezimalzahl 0,04 dar. Damit du aber dennoch den Zinssatz als „richtige Zahl", so wie er in der Aufgabe steht, übernehmen kannst, wird er als Bruch dargestellt, der eine 100 im Nenner (unten) hat. Je höher der Zinssatz, umso höher die Zinsen, daher wird der Zinssatz mit dem Kapital multipliziert:

Mit dieser kurzen Formel kannst du schon die **Zinsen** für ein Jahr ausrechnen. Diese werden mit einem großen **Z** dargestellt und mit einem Gleichheitszeichen vor die Formel geschrieben. Damit hast du die grundlegende **Zinsformel** erstellt:

$$\text{Zinsen} \quad Z = K \cdot \frac{p}{100}$$

Je länger ein Kapital angelegt bzw. geliehen wird, desto mehr Zinsen fallen an. Daher ist die Höhe der Zinsen auch von der **Zeitdauer** abhängig. Dies wird durch den Kleinbuchstaben **i** dargestellt, der mittels Multiplikation in die Formel eingefügt wird.

$$Z = K \cdot \frac{p}{100} \cdot i \quad \text{Zeitdauer}$$

Damit hast du die Formel für das Zinsrechnen zusammengestellt, an der wir noch etwas „Schönheitspflege" betreiben. Füge das K und das i in den Zähler vor das kleine p, damit es nicht ganz so alleine da oben ist. Du kannst dir die Formel nun viel einfacher merken: $K \cdot i \cdot p = $ **Kip**.

$$Z = \frac{K \cdot i \cdot p}{100}$$

Mit dieser Formel, auch Kip-Formel genannt, kannst du schnell und einfach die Zinsen berechnen.

3.2. Die Berechnung der Zinsen

Die Berechnung der **Zinsen Z** ist die einfachste Art in der Zinsrechnung, da du hierbei die Zinsformel nicht umstellen musst und einfach direkt los rechnen kannst.

Marias Mutter legt 30.000 € für 3 Jahre zu einem Zinssatz von 4 % an. Wie viele Zinsen bekommt sie insgesamt dafür? Zu Beginn musst du die Werte für das Kapital K, die Zeitdauer i und den Zinssatz p aus der Aufgabenstellung ablesen bzw. herausfinden: Die 30.000 € sind das Kapital (K = 30.000 €). Die Zeitdauer i beträgt 3 Jahre (i = 3 a) und der Wert mit dem Prozentzeichen ist der Zinssatz (p = 4 %).

Vielleicht fragst du dich jetzt, woher das a als Einheit der Zeitdauer kommt. Dieses a stammt vom lateinischen Wort »annus« für Jahre. Jedoch ist die Zeiteinheit für die Berechnung der Zinsen unbedeutend, da sie sich mit dem Zinssatz wieder aufhebt. Denn wenn man es genau nimmt, heißt es nicht nur Zinssatz in Prozent, sondern es Zinssatz in Prozent pro Jahr heißen (p pro a bzw. p/a). Und um es nicht unnötig kompliziert zu machen, wird die Einheit a in der Rechnung dann nicht geschrieben.

Ich werde dir nun Schritt für Schritt zeigen, wie du die Zinsen ermittelst. Zu Beginn musst du die Werte für das Kapital K, die Zeitdauer i und den Zinssatz p aus der Aufgabenstellung ablesen: Die 30.000 € sind das Kapital (K = 30.000 €). Die Zeitdauer i beträgt 3 Jahre (i = 3 a) und der Zinssatz beträgt 4 % (p = 4 %). Setze die Werte in die Formel ein: Multipliziere das Kapital K mit der Zeitdauer i und dem Zinssatz p: 30.000 € · 3 · 4 = 360.000 €. Da der Zinssatz eine Prozentzahl ist, musst du dein Ergebnis durch 100 dividieren: 360.000 € : 100 = 3.600 €. Die Zinsen betragen für den Zeitraum von 3 Jahren 3.600 €.

So berechnest du die Zinsen Z		So sieht es aus
Du sollst die Zinsen Z berechnen.		$K = 30000€$ $i = 3a$ $p = 4\%$
1.	Diese Formel benötigst du:	$Z = \dfrac{K \cdot i \cdot p}{100}$
2.	Setze die Werte in die Formel ein: Das Kapital K beträgt 30.000 €. Ersetze das K durch den Wert 30.000 €.	$Z = \dfrac{K \cdot i \cdot p}{100}$ $Z = \dfrac{30000€ \cdot i \cdot p}{100}$
3.	Die Zeitdauer i beträgt 3 a. Ersetze das i durch den Wert 3. Da sich die Einheit a im Laufe der Rechnung aufhebt, brauchst du sie nicht zu schreiben.	$Z = \dfrac{30000€ \cdot i \cdot p}{100}$ $Z = \dfrac{30000€ \cdot 3 \cdot p}{100}$
4.	Der Zinssatz p beträgt 4 %. Ersetze das p durch den Wert 4. Da du später durch 100 dividierst, lässt du das Prozentzeichen weg.	$Z = \dfrac{30000€ \cdot 3 \cdot p}{100}$ $Z = \dfrac{30000€ \cdot 3 \cdot 4}{100}$
5.	Berechne zuerst die Multiplikation im Zähler: 30.000 € · 3 · 4 = 360.000 €.	$Z = \dfrac{30000€ \cdot 3 \cdot 4}{100}$ $Z = \dfrac{360000€}{100}$
6.	Übrig bleibt eine Division. Berechne sie zum Schluss: 360.000 € : 100 = 3.600 €.	$Z = \dfrac{360000€}{100}$ $Z = 3600€$
🏁	Die Zinsen Z betragen für den Zeitraum von 3 Jahren 3.600 €.	$Z = 3600€$

Die Zinsen in Höhe von 3.600 € beziehen sich auf die gesamte Laufzeit von 3 Jahren. Wenn du die Zinsen für 1 Jahr ausrechnen willst, musst du die Zinsen Z durch die Zeitdauer i teilen: 3.600 € : 3 = 1.200 € Zinsen pro Jahr.

Die Zinsen sind das Entgelt, das bezahlt werden muss, wenn Kapital verliehen wird. Um sie zu berechnen, multiplizierst du das Kapital mit der Zeitdauer und dem Zinssatz und teilst alles durch 100.

3.3. Die Berechnung des Kapitals

Bei einigen Aufgaben sind nicht die Zinsen Z gesucht, sondern das **Kapital K**. Dazu musst du nur die Zinsformel umstellen. Damit du das Kapital K berechnen kannst, muss es alleine stehen. Du verschiebst daher das i und das p zuerst auf die linke Seite zum Z und anschließend verschiebst du noch die 100 nach links. Wie du das machst, zeige ich dir jetzt.

So stellst du die Zinsformel nach K um	So sieht es aus
Die Ausgangsformel ist die Zinsformel, die du nach K umstellen musst.	$Z = \dfrac{K \cdot i \cdot p}{100}$
1. Das K muss am Ende alleine stehen. Da das K mit dem i und dem p durch eine Multiplikation verbunden ist, musst du beide Seiten durch i und p dividieren, um sie auf die andere Seite zu bringen. Da du bereits durch 100 dividieren musst (Bruch), wird die Division durch i und p als Multiplikation $\cdot$ (i $\cdot$ p) in den Nenner geschrieben.	$Z = \dfrac{K \cdot i \cdot p}{100} \qquad \mid : (i \cdot p)$ $\dfrac{Z}{i \cdot p} = \dfrac{K \cdot i \cdot p}{100 \cdot i \cdot p}$

So stellst du die Zinsformel nach K um		So sieht es aus
2.	Auf der rechten Seite steht im Bruch die Rechnung $(i \cdot p) : (i \cdot p)$ $(\frac{i \cdot p}{i \cdot p})$, die sich aufhebt (ergibt 1). Das i und das p nun nicht mehr auf der rechten Seite.	$\frac{Z}{i \cdot p} = \frac{K \cdot i \cdot p}{100 \cdot i \cdot p}$ $\frac{Z}{i \cdot p} = \frac{K}{100}$
3.	Zwar steht das K jetzt alleine im Zähler, aber die 100 im Nenner stören noch. Da die 100 mit dem K durch eine Division (Bruch) verbunden ist, musst du beide Seiten mit 100 multiplizieren.	$\frac{Z}{i \cdot p} = \frac{K}{100}$ $\qquad \mid \cdot 100$ $\frac{Z \cdot 100}{i \cdot p} = \frac{K \cdot 100}{100}$
4.	Auf der rechten Seite steht die Rechnung $100 : 100$ $(\frac{100}{100})$, die sich aufhebt (ergibt 1). Der Bruch auf der rechten Seite ist verschwunden und das K steht alleine.	$\frac{Z \cdot 100}{i \cdot p} = \frac{K \cdot 100}{100}$ $\frac{Z \cdot 100}{i \cdot p} = K$
🏁	Drehe die Formel um und du erhältst zum Schluss die Formel, mit der du das Kapital K bestimmen kannst.	$K = \frac{Z \cdot 100}{i \cdot p}$

Du erhältst die umgestellte Formel, mit der du aus den Zinsen Z, der Zeitdauer i und dem Zinssatz p schnell und einfach das Kapital K berechnen kannst:

$$K = \frac{Z \cdot 100}{i \cdot p}$$

Marias Mutter legt einen Geldbetrag für 3 Jahre zu einem Zinssatz von 4 % an. Sie bekommt insgesamt Zinsen von 3.600 €. Welchen Geldbetrag hat sie angelegt?

Ich werde dir nun Schritt für Schritt zeigen, wie du das Kapital ermittelst: Zu Beginn musst du die Werte für die Zinsen Z, die Zeitdauer i und den Zinssatz p aus der Aufgabenstellung ablesen bzw. herausfinden: Die 3.600 € sind die Zinsen (Z = 3.600 €). Die Zeitdauer i beträgt 3 Jahre (i = 3 a) und der Wert mit dem Prozentzeichen ist der Zinssatz (p = 4 %). Setze diese Werte in die Formel ein. Berechne zuerst den Zähler: 3.600 € · 100 = 360.000 €. Berechne anschließend den Nenner: 3 · 4 = 12. Übrig bleibt eine Division: 360.000 € : 12 = 30.000 €. Das Kapital K beträgt 30.000 €.

So berechnest du das Kapital K	So sieht es aus
Du sollst das Kapital K berechnen.	$Z = 3600€$ $i = 3a$ $p = 4\%$
1. Diese Formel benötigst du:	$K = \dfrac{Z \cdot 100}{i \cdot p}$
2. Setze die Werte in die Formel ein: Die Zinsen Z stehen im Zähler und betragen **3.600 €**. Ersetze das Z durch 3.600 €.	$K = \dfrac{Z \cdot 100}{i \cdot p}$ $K = \dfrac{3600€ \cdot 100}{i \cdot p}$
3. Die Zeitdauer i steht im Nenner und beträgt **3 a**. Ersetze das i durch 3. Da sich die Einheit a im Laufe der Rechnung aufhebt, schreibst du sie nicht.	$K = \dfrac{3600€ \cdot 100}{i \cdot p}$ $K = \dfrac{3600€ \cdot 100}{3 \cdot p}$
4. Der Zinssatz p steht unten im Nenner und beträgt **4 %**. Ersetze das p durch 4. Da du später durch 100 dividierst, lässt du das Prozentzeichen weg.	$K = \dfrac{3600€ \cdot 100}{3 \cdot p}$ $K = \dfrac{3600€ \cdot 100}{3 \cdot 4}$
5. Berechne zuerst die Multiplikation im Zähler: **3.600 € · 100 = 360.000 €**.	$K = \dfrac{3600€ \cdot 100}{3 \cdot 4}$ $K = \dfrac{360000€}{3 \cdot 4}$
6. Berechne anschließend die Multiplikation im Nenner: **3 · 4 = 12**.	$K = \dfrac{360000€}{3 \cdot 4}$ $K = \dfrac{360000€}{12}$
7. Übrig bleibt ein Bruch. Berechne ihn zum Schluss: **360.000 € : 12 = 30.000 €**.	$K = \dfrac{360000€}{12}$ $K = 30000€$
🏁 Das Kapital K beträgt 30.000 €.	$K = 30000€$

> Das Kapital K ist die Ausgangsgröße bei der Zinsrechnung. Um es zu bestimmen, multiplizierst du die Zinsen mit 100 und dividierst alles durch die Zeitdauer und durch den Zinssatz.

3.4. Die Berechnung der Zeitdauer

Bei einigen Aufgaben sind nicht die Zinsen Z gesucht, sondern die Zeitdauer i. Dazu musst du nur die Zinsformel umstellen. Damit du die Zeitdauer i berechnen kannst, muss es alleine stehen. Du verschiebst daher das K und das p zuerst auf die linke Seite zum Z und anschließend verschiebst du noch die 100 nach links. Wie du das machst, zeige ich dir jetzt.

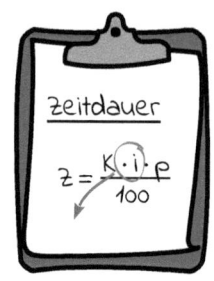

So stellst du die Zinsformel nach i um		So sieht es aus
Die Ausgangsformel ist die Zinsformel, die du nach i umstellen musst.		$Z = \dfrac{K \cdot i \cdot p}{100}$
1.	Das i muss am Ende alleine stehen. Da das i mit dem K und dem p durch eine Multiplikation verbunden ist, musst du beide Seiten durch K und p dividieren, um sie auf die andere Seite zu bringen. Da du bereits durch 100 dividieren musst (Bruch), wird die Division durch K und p als Multiplikation $\cdot (K \cdot p)$ in den Nenner geschrieben.	$Z = \dfrac{K \cdot i \cdot p}{100} \qquad \mid : (K \cdot p)$ $\dfrac{Z}{K \cdot p} = \dfrac{K \cdot i \cdot p}{100 \cdot K \cdot p}$
2.	Auf der rechten Seite steht im Bruch die Rechnung $(K \cdot p) : (K \cdot p)$ $\left(\frac{K \cdot p}{K \cdot p}\right)$, die sich aufhebt (ergibt 1). Das K und das p sind auf der rechten Seite verschwunden.	$\dfrac{Z}{K \cdot p} = \dfrac{\cancel{K} \cdot i \cdot \cancel{p}}{100 \cdot \cancel{K} \cdot \cancel{p}}$ $\dfrac{Z}{K \cdot p} = \dfrac{i}{100}$
3.	Zwar steht das i jetzt alleine im Zähler, aber die 100 im Nenner stören noch. Da die 100 mit dem i durch eine Division (Bruch) verbunden ist, musst du beide Seiten mit 100 multiplizieren.	$\dfrac{Z}{K \cdot p} = \dfrac{i}{100} \qquad \mid \cdot 100$ $\dfrac{Z \cdot 100}{K \cdot p} = \dfrac{i \cdot 100}{100}$
4.	Auf der rechten Seite steht die Rechnung $100 : 100$ $\left(\frac{100}{100}\right)$, die sich aufhebt (ergibt 1). Der Bruch auf der rechten Seite ist verschwunden und das i steht alleine.	$\dfrac{Z \cdot 100}{K \cdot p} = \dfrac{i \cdot \cancel{100}}{\cancel{100}}$ $\dfrac{Z \cdot 100}{K \cdot p} = i$
🏁	Drehe die Formel um und du erhältst die Formel, mit der du die Zeitdauer i bestimmen kannst.	$i = \dfrac{Z \cdot 100}{K \cdot p}$

mathetreff-online

Du erhältst die umgestellte Formel, mit der du aus den Zinsen Z, dem Kapital K und dem Zinssatz p schnell und einfach die Zeitdauer i berechnen kannst:

$$i = \frac{Z \cdot 100}{K \cdot p}$$

Marias Mutter legt 30.000 € zu einem Zinssatz von 4 % an. Dafür erhält sie 3.600 € Zinsen. Wie lange hat sie das Geld angelegt?

Ich werde dir nun Schritt für Schritt zeigen, wie du die Zeitdauer ermittelst: Zu Beginn musst du die Werte für die Zinsen Z, das Kapital K und den Zinssatz p bestimmen. Der kleinere Geldbetrag sind die Zinsen (Z = 3.600 €), der größere das Kapital, das angelegt wurde (K = 30.000 €). Der Wert, der das Prozentzeichen besitzt, ist der Zinssatz p (p = 4 %). Setze diese Werte in die Formel ein. Berechne zuerst den Zähler: 3600 € · 100 = 360.000 €. Durch die Multiplikation mit 100 kannst du den Prozentwert direkt übernehmen. Berechne anschließend den Nenner: 30.000 € · 4 = 120.000 €. Übrig bleibt eine Division: 360.000 € : 120.000 € = 3. Die Zeitdauer i beträgt 3 Jahre.

So berechnest du die Zeitdauer i		So sieht es aus
Du sollst die Zeitdauer i berechnen.		$Z = 3600 €$ $K = 30000 €$ $p = 4\%$
1.	Diese Formel benötigst du:	$i = \frac{Z \cdot 100}{K \cdot p}$
2.	Setze die Werte in die Formel ein: Die Zinsen Z stehen im Bruch oben und betragen 3.600 €. Ersetze das Z durch 3.600 €.	$i = \frac{Z \cdot 100}{K \cdot p}$ $i = \frac{3600 € \cdot 100}{K \cdot p}$
3.	Das Kapital K steht im Bruch unten und beträgt 30.000 €. Ersetze das K durch 30.000 €.	$i = \frac{3600 € \cdot 100}{K \cdot p}$ $i = \frac{3600 € \cdot 100}{30000 € \cdot p}$

So berechnest du die Zeitdauer i		So sieht es aus
4.	Der Zinssatz p steht ebenfalls im Bruch unten und beträgt 4 %. Ersetze das p durch 4. Durch die 100 in der Formel kannst du das Prozentzeichen weglassen und den Prozentwert direkt übernehmen.	$i = \dfrac{3600€ \cdot 100}{30000€ \cdot p}$ $i = \dfrac{3600€ \cdot 100}{30000€ \cdot 4}$
5.	Berechne zuerst die Multiplikation im Zähler: 3.600 € · 100 = 360.000 €.	$i = \dfrac{3600€ \cdot 100}{30000€ \cdot 4}$ $i = \dfrac{360000€}{30000€ \cdot 4}$
6.	Berechne anschließend die Multiplikation im Nenner: 30.000 € · 4 = 120.000 €.	$i = \dfrac{360000€}{30000€ \cdot 4}$ $i = \dfrac{360000€}{120000€}$
7.	Übrig bleibt ein Bruch. Berechne ihn zum Schluss: 360.000 € : 120.000 € = 3 a.	$i = \dfrac{360000€}{120000€}$ $i = 3$
🏁	Die Zeitdauer i beträgt 3 Jahre.	$i = 3$

Vielleicht fragst du dich jetzt, woher das a im Ergebnis kommt. Dieses a ist die Einheit für Jahre (von lateinisch »annus«). Aber in der Rechnung taucht das a gar nicht auf. Wenn man es genau nimmt, heißt es nicht nur Zinssatz in Prozent sondern Zinssatz in Prozent pro Jahr (p pro a bzw. p/a). Und um es nicht unnötig kompliziert zu machen, wird die Einheit a in der Rechnung dann nicht geschrieben. Würdest du es aber schreiben, taucht das a für Jahre am Ende der Rechnung auf.

Die Zeitdauer i ist eine wichtige Größe bei der Zinsrechnung. Um sie zu bestimmen, multiplizierst du die Zinsen mit 100 und dividierst alles durch das Kapital und durch den Zinssatz.

3.5. Die Berechnung des Zinssatzes

Bei einigen Aufgaben sind nicht die Zinsen Z gesucht, sondern der Zinssatz p. Dazu musst du nur die Zinsformel umstellen. Damit du den Zinssatz p berechnen kannst, muss er alleine stehen. Du verschiebst daher das K und das i zuerst auf die linke Seite zum Z und anschließend verschiebst du noch die 100 nach links. Wie du das machst, zeige ich dir jetzt.

Zeitdauer

$$Z = \frac{K \cdot i \cdot p}{100}$$

So stellst du die Zinsformel nach p um	So sieht es aus
Die Ausgangsformel ist die Zinsformel, die du nach p umstellen musst.	$Z = \dfrac{K \cdot i \cdot p}{100}$
1. Das p muss am Ende alleine stehen. Da das p mit dem K und dem i durch eine Multiplikation verbunden ist, musst du beide Seiten durch K und i dividieren, um sie auf die andere Seite zu bringen. Da du bereits durch 100 dividieren musst (Bruch), wird die Division durch K und i als Multiplikation $\cdot (K \cdot i)$ in den Nenner geschrieben.	$Z = \dfrac{K \cdot i \cdot p}{100} \qquad \vert : (K \cdot i)$ $\dfrac{Z}{K \cdot i} = \dfrac{K \cdot i \cdot p}{100 \cdot K \cdot i}$
2. Auf der rechten Seite steht im Bruch die Rechnung $(K \cdot i) : (K \cdot i)$ $\left(\frac{K \cdot i}{K \cdot i}\right)$, die sich aufhebt (ergibt 1). Das K und das i sind nun nicht mehr auf der rechten Seite.	$\dfrac{Z}{K \cdot i} = \dfrac{\bcancel{K \cdot i} \cdot p}{100 \cdot \bcancel{K \cdot i}}$ $\dfrac{Z}{K \cdot i} = \dfrac{p}{100}$
3. Zwar steht das p jetzt alleine im Zähler, aber die 100 im Nenner stören noch. Da die 100 mit dem p durch eine Division (Bruch) verbunden ist, musst du beide Seiten mit 100 multiplizieren.	$\dfrac{Z}{K \cdot i} = \dfrac{p}{100} \qquad \vert \cdot 100$ $\dfrac{Z \cdot 100}{K \cdot i} = \dfrac{p \cdot 100}{100}$
4. Auf der rechten Seite steht die Rechnung $100 : 100$ $\left(\frac{100}{100}\right)$, die sich aufhebt (ergibt 1). Der Bruch auf der linken Seite ist verschwunden und das p steht alleine.	$\dfrac{Z \cdot 100}{K \cdot i} = \dfrac{p \cdot \bcancel{100}}{\bcancel{100}}$ $\dfrac{Z \cdot 100}{K \cdot i} = p$
🏁 Drehe die Formel um und du erhältst die Formel, mit der du den Zinssatz p bestimmen kannst.	$p = \dfrac{Z \cdot 100}{K \cdot i}$

Du erhältst die umgestellte Formel, mit der du aus den Zinsen Z, dem Kapital K und der Zeitdauer i schnell und einfach den **Zinssatz p** berechnen kannst:

$$p = \frac{Z \cdot 100}{K \cdot i}$$

Marias Mutter legt 30.000 € über einen Zeitraum von 3 Jahren an. Dafür erhält sie 3.600 € Zinsen. Zu welchem Zinssatz hat sie das Geld angelegt?

Ich werde dir nun Schritt für Schritt zeigen, wie du den Zinssatz ermittelst: Zu Beginn musst du die Werte für die Zinsen Z, das Kapital K und die Zeitdauer i bestimmen. Der kleinere Geldbetrag sind die Zinsen (Z = 3.600 €), der größere das Kapital, das angelegt wurde (K = 30.000 €). Der übrige Wert ist die Zeitdauer i (i = 3 a). Setze diese Werte in die Formel ein. Berechne zuerst den Zähler: 3.600 € · 100 = 360.000 €. Berechne anschließend den Nenner: 30.000 € · 3 = 90.000 €. Übrig bleibt eine Division: 360.000 € : 90.000 € = 4. Durch die vorherige Multiplikation mit 100 erhältst du eine Prozentzahl. Der Zinssatz p beträgt somit 4 %.

So berechnest du den Zinssatz p		So sieht es aus
Du sollst den Zinssatz p berechnen.		$Z = 3600€$ $K = 30000€$ $i = 3a$
1.	Diese Formel benötigst du:	$p = \dfrac{Z \cdot 100}{K \cdot i}$
2.	Setze die Werte in die Formel ein. Die Zinsen **Z** stehen im Bruch oben und betragen **3.600 €**. Ersetze das Z durch 3.600 €.	$p = \dfrac{Z \cdot 100}{K \cdot i}$ $p = \dfrac{3600€ \cdot 100}{K \cdot i}$
3.	Das Kapital **K** steht im Bruch unten und beträgt **30.000 €**. Ersetze das K durch 30.000 €.	$p = \dfrac{3600€ \cdot 100}{K \cdot i}$ $p = \dfrac{3600€ \cdot 100}{30000€ \cdot i}$

So berechnest du den Zinssatz p	So sieht es aus
4. Die Zeitdauer i steht ebenfalls im Nenner und beträgt **3 a**. Ersetze das i durch 3. Da sich die Einheit a im Laufe der Rechnung aufhebt, schreibst du sie nicht.	$p = \dfrac{3600€ \cdot 100}{30000€ \cdot i}$ $p = \dfrac{3600€ \cdot 100}{30000€ \cdot 3}$
5. Berechne zuerst die Multiplikation im Zähler: 3.600 € · 100 = 360.000 €.	$p = \dfrac{3600€ \cdot 100}{30000€ \cdot 3}$ $p = \dfrac{360000€}{30000€ \cdot 3}$
6. Berechne anschließend die Multiplikation im Nenner: 30.000 € · 3 = 90.000 €.	$p = \dfrac{360000€}{30000€ \cdot 3}$ $p = \dfrac{360000€}{90000€}$
7. Übrig bleibt ein Bruch. Berechne ihn zum Schluss: 360.000 € : 90.000 € = 4. Durch die Multiplikation mit 100 in Schritt 5 erhältst du eine Prozentzahl: 4 %	$p = \dfrac{360000€}{90000€}$ $p = 4\%$
🏁 Der Zinssatz p beträgt 4 %.	$p = 4\%$

Vielleicht fragst du dich jetzt, woher das % im Ergebnis kommt. In der Rechnung wird im Zähler mit 100 multipliziert. Ohne diese Multiplikation würdest du eine Dezimalzahl erhalten, die mit 0,... beginnt. Durch diese Multiplikation mit 100 erhältst du eine Prozentzahl am Ende der Rechnung.

Der Zinssatz p ist eine wichtige Größe bei der Zinsrechnung. Um ihn zu bestimmen, multiplizierst du die Zinsen mit 100 und dividierst alles durch das Kapital und durch die Zeitdauer.

4. weitere Zinsarten

Bei der bislang betrachteten Zinsrechnung galt der Zinssatz für ein oder mehrere Jahre. Es ist durchaus möglich, Kapital für eine deutlich kürzere Zeitdauer anzulegen bzw. sich auszuleihen.

4.1. Monatszins

Viele Firmen benötigen Kapital nur für eine kurze Zeit, beispielsweise vom Auftragseingang bis der Kunde bezahlt. Damit sie dennoch für ihre Kalkulation die Zinsen ansetzten können, müssen diese auf die Monatsanzahl heruntergebrochen werden.

Über die bisherige Zinsformel rechnest du die Zinsen für ein bzw. mehrere Jahre aus, je nach dem wie groß der Wert für i ist, da i die Laufzeit in Jahre angibt. Beim Monatszins hast du einen Zeitraum, der jedoch kleiner als ein Jahr ist, nämlich einen oder mehrere Monate.

Du könntest natürlich den Zeitraum als Kommazahl in Jahren angeben. Das Problem ist dabei nur, dass ein Jahr 12 Monate hat. Somit gestaltet sich die Umrechnung etwas schwierig. 7 Monate sind nicht 0,7 Jahre, sondern nur 0,58 Jahre (7 : 12). Wir brauchen eine andere, einfachere Lösung. Es würde sich doch anbieten, die Anzahl der Monate direkt als Wert für i zu nehmen. Dann musst du auch nichts umrechnen und hast eine Fehlerquelle weniger. Damit du das machen kannst, musst du lediglich die Formel durch 12 dividieren, da 1 Jahr aus 12 Monaten besteht. Diese Division wird in den Nenner zu den 100 geschrieben. Da es nun zwei Divisionen sind (: 100 und : 12), werden sie durch eine Multiplikation verbunden. Daraus ergibt sich folgende Formel:

$$z = \frac{K \cdot i \cdot p}{100 \cdot 12}$$

Division durch 12

Ein Kapital von 150.000 € soll über 3 Monate mit 4 % verzinst werden. Wie hoch sind die Zinsen?

So berechnest du den Monatszins	So sieht es aus:
Du sollst die Zinsen für ein Kapital von 150.000 € berechnen, das 3 Monate mit 4 % verzinst wurde.	$K = 150000€$ $i = 3m$ $p = 4\%$
1. Das ist die Formel, um die Monatszinsen zu berechnen.	$Z = \dfrac{K \cdot i \cdot p}{100 \cdot 12}$
2. Setze nun die gegebenen Werte ein: Das Kapital K beträgt 150.000 €. Ersetze das K durch den Wert 150.000 €.	$Z = \dfrac{K \cdot i \cdot p}{100 \cdot 12}$ $Z = \dfrac{150000€ \cdot i \cdot p}{100 \cdot 12}$
3. Der Zeitraum i beträgt 3 Monate. Ersetze das i durch den Wert 3.	$Z = \dfrac{150000€ \cdot i \cdot p}{100 \cdot 12}$ $Z = \dfrac{150000€ \cdot 3 \cdot p}{100 \cdot 12}$
4. Der Zinssatz p beträgt 4 %. Ersetze das p durch den Wert 4. Da du später durch 100 dividierst, lässt du das Prozentzeichen weg.	$Z = \dfrac{150000€ \cdot 3 \cdot p}{100 \cdot 12}$ $Z = \dfrac{150.000€ \cdot 3 \cdot 4}{100 \cdot 12}$
5. Berechne zuerst die lange Multiplikation im Zähler: 150.000 € · 3 · 4 = 1.800.000 €.	$Z = \dfrac{150000€ \cdot 3 \cdot 4}{100 \cdot 12}$ $Z = \dfrac{1800000€}{100 \cdot 12}$
6. Berechne anschließend die Multiplikation im Nenner: 100 · 12 = 1.200.	$Z = \dfrac{1800000€}{100 \cdot 12}$ $Z = \dfrac{1800000€}{1200}$
7. Berechne zum Schluss den Bruch: 1.800.000 € : 1.200 = 1.500 €.	$Z = \dfrac{1800000€}{1200}$ $Z = 1500€$
🏁 Die Zinsen betragen für den Zeitraum von 3 Monaten 1.500 €.	$Z = 1500€$

3 Monate entsprechen $\frac{1}{4}$ eines ganzen Jahres. Wenn du die 1.500 € mit 4 multiplizierst, erhältst du die Jahreszinsen von 1.500 € · 4 = 6.000 €. Diesen Wert erhältst du auch, wenn du die Jahreszinsen über die gewöhnliche Zinsformel (Kip-Formel) berechnest ($Z = \frac{K \cdot i \cdot p}{100} = \frac{150.000 € \cdot 1 \cdot 4}{100} = \frac{600.000 €}{100} = 6.000 €$).

Monatszinsen fallen an, wenn ein Kapital über mehrere Monate verzinst wird. Du kannst sie über die Zinsformel berechnen, indem du die Monate als Zeitdauer einsetzt und zusätzlich durch 12 Monate dividierst.

Über die Monatszinsformel kannst du dir auch die anderen Werte berechnen, wenn du dazu die Formel entsprechend umstellst. Wie du die Formel umstellst, hast du bereits in Kapitel 3.3 auf Seite 11 gelernt. Du musst hierbei lediglich noch zusätzlich mit 12 multiplizieren, da du beim Monatszins noch die Division mit 12 im Nenner stehen hast.

Umstellung nach	So sieht die umgestellte Formel aus
dem Kapital K	$K = \frac{Z \cdot 100 \cdot 12}{i \cdot p}$
der Zeitdauer i	$i = \frac{Z \cdot 100 \cdot 12}{K \cdot p}$
dem Zinssatz p	$p = \frac{Z \cdot 100 \cdot 12}{K \cdot i}$

Da bei diesen „Rückwärtsrechnungen" die Zinsen gerundet sind, erhältst du häufig eine Dezimalzahl, die ganz knapp ober- oder unterhalb einer Ganzzahl liegt. Diese Werte sind daher ganzzahlig zu runden, da sie als ganze Zahl in die Berechnung der Zinsen eingeflossen sind.

Mit diesen umgestellten Monatszinsformeln kannst du dir nun jeden Wert berechnen, den die Aufgabenstellung von dir verlangt.

4.2. Tageszins

Viele Firmen benötigen Kapital nur für eine kurze Zeit, beispielsweise vom Auftrags-eingang bis der Kunde bezahlt. Damit sie dennoch für ihre Kalkulation die Zinsen ansetzen können, müssen diese auf die Tagesanzahl heruntergebrochen werden.

Über die bisherige Zinsformel rechnest du die Zinsen für ein bzw. mehrere Jahre aus, je nach dem wie groß der Wert für i ist, da i die Laufzeit in Jahre angibt. Beim **Tages-zins** hast du einen Zeitraum, der jedoch viel kleiner als ein Jahr ist, nämlich einen oder mehrere Tage.

Du könntest natürlich den Zeitraum als Kommazahl in Jahren angeben. Das Problem ist dabei nur, dass ein Jahr 365 Tage hat, ein Schaltjahr sogar 366 Tage. Somit gestaltet sich die Umrechnung etwas schwierig. 60 Tage sind dann 0,1643... Jahre (60 : 365). Wir brauchen eine einfachere Lösung. Da die Banken das gleiche Problem hatten, leg-ten sie das sogenannte **Bankjahr** mit nur 360 Tagen fest. In diesem Bankjahr hat übri-gens jeder Monate 30 Tage (360 Tage : 12 = 30 Tage). Es würde sich anbieten, die Anzahl der Tage direkt als Wert für i zu nehmen. Damit du das machen kannst, musst du nur die Formel durch 360 dividieren, da 1 Jahr aus banktechnischer Sicht aus 360 Tagen besteht. Diese Division wird in den Nenner zu den 100 geschrieben. Da es nun zwei Divisionen sind (: 100 und : 360), werden sie durch eine Multiplikation verbunden. Daraus ergibt sich folgende Formel:

$$z = \frac{K \cdot i \cdot p}{100 \cdot 360} \qquad \text{Division durch 360}$$

Ein Kapital von 150.000 € soll über 60 Tage mit 4 % verzinst werden. Wie hoch sind die Zinsen?

So berechnest du den Tageszins		So sieht es aus:
Du sollst die Zinsen für ein Kapital von 150.000 € berechnen, das 60 Tage mit 4 % verzinst wurde.		$K = 150.000€$ $i = 60d$ $p = 4\%$
1.	Das ist die Formel, um die Tageszinsen zu berechnen.	$Z = \dfrac{K \cdot i \cdot p}{100 \cdot 360}$
2.	Setze nun die gegebenen Werte ein: Das Kapital K beträgt **150.000 €**. Ersetze das K durch den Wert 150.000 €.	$Z = \dfrac{K \cdot i \cdot p}{100 \cdot 360}$ $Z = \dfrac{150000€ \cdot i \cdot p}{100 \cdot 360}$
3.	Der Zeitraum i beträgt **60 Tage**. Ersetze das i durch den Wert 60.	$Z = \dfrac{150000€ \cdot i \cdot p}{100 \cdot 360}$ $Z = \dfrac{150000€ \cdot 60 \cdot p}{100 \cdot 360}$
4.	Der Zinssatz **p** beträgt **4 %**. Ersetze das p durch den Wert 4. Da du später durch 100 dividierst, lässt du das Prozentzeichen weg.	$Z = \dfrac{150000€ \cdot 60 \cdot p}{100 \cdot 12}$ $Z = \dfrac{150000€ \cdot 60 \cdot 4}{100 \cdot 12360}$
5.	Berechne zuerst die lange Multiplikation im Zähler: **150.000 € · 60 · 4 = 36.000.000 €.**	$Z = \dfrac{150000€ \cdot 60 \cdot 4}{100 \cdot 360}$ $Z = \dfrac{36000000€}{100 \cdot 360}$
6.	Berechne anschließend die Multiplikation im Nenner: **100 · 360 = 36.000.**	$Z = \dfrac{36000000€}{100 \cdot 360}$ $Z = \dfrac{36000000€}{36000}$
7.	Berechne zum Schluss den Bruch: **36.000.000 € : 36.000 = 1.000 €.**	$Z = \dfrac{36000000€}{36000}$ $Z = 1000€$
🏁	Die Zinsen betragen für den Zeitraum von 60 Tagen 1.000 €.	$Z = 1000€$

60 Tage entsprechen $\frac{1}{6}$ eines ganzen Jahres. Wenn du die 1.000 € mit 6 multiplizierst, erhältst du die Jahreszinsen von 1.000 € · 6 = 6.000 €. Diesen Wert erhältst du auch,

mathetreff-online

wenn du die Jahreszinsen über die gewöhnliche Zinsformel (Kip-Formel) berechnest

$(Z = \frac{K \cdot i \cdot p}{100} = \frac{150.000 \text{ €} \cdot 1 \cdot 4}{100} = \frac{600.000 \text{ €}}{100} = 6.000 \text{ €})$.

Tageszinsen erhältst du, wenn ein Kapital über mehrere Tage verzinst wird. Du kannst sie über die Zinsformel berechnen, indem du die Tage als Zeitdauer einsetzt und zusätzlich durch 360 Tage (= Bankjahr) dividierst.

Über die Tageszinsformel kannst du dir auch die anderen Werte berechnen, wenn du dazu die Formel entsprechend umstellst. Wie du die Formel umstellst, hast du bereits in Kapitel 3.3 auf Seite 11 gelernt. Du musst hierbei lediglich noch zusätzlich mit 360 multiplizieren, da du beim Tageszins noch die Division mit 360 im Nenner stehen hast.

Umstellung nach	So sieht die umgestellte Formel aus
dem Kapital K	$K = \frac{Z \cdot 100 \cdot 360}{i \cdot p}$
der Zeitdauer i	$i = \frac{Z \cdot 100 \cdot 360}{K \cdot p}$
dem Zinssatz p	$p = \frac{Z \cdot 100 \cdot 360}{K \cdot i}$

Da bei diesen „Rückwärtsrechnungen" die Zinsen gerundet sind, erhältst du häufig eine Dezimalzahl, die ganz knapp ober- oder unterhalb einer Ganzzahl liegt. Diese Werte sind daher ganzzahlig zu runden, da sie als ganze Zahl in die Berechnung der Zinsen eingeflossen sind.

Mit diesen umgestellten Tageszinsformeln kannst du dir nun jeden Wert berechnen, den die Aufgabenstellung von dir verlangt.

5. Zinseszins

Bei den bisherigen Zinsarten sind je nach Laufzeit mehr oder weniger Zinsen angefallen. Sie waren jedes Jahr aufs neue fällig und während der gesamten Zeitdauer immer gleich. Die Zinsen im ersten Jahr waren genauso hoch wie die im zehnten Jahr. Die Menschen sind gierig und wollen immer mehr. Das war bereits bei den Großbauern vor über 4.000 Jahren der Fall. Schnell gewöhnten sie sich daran, dass sie mit dem Verleihen von Saatgut auf einfache Weise mehr bekommen, als wenn sie es selbst mühsam anbauen müssten. Sie überlegten sich, wie sie noch schneller an noch mehr kommen.

Da kam ihnen die Idee, dass die Zinsen nach Ablauf des Jahres zu dem verliehenen Kapital hinzugezählt werden und es entsprechend erhöhen. Im Folgejahr ist das geliehene Kapital um die Zinsen höher. Und auf ein höheres Kapital sind nun mehr Zinsen fällig. Klever, oder? Das bedeutet, die im Kapital enthaltenen Zinsen erbringen beim nächsten Mal wieder Zinsen. Daher spricht man vom **Zinseszins**. Die Berechnung ist etwas komplizierter, da für jedes Jahr alles erneut berechnet werden muss, aber was macht man nicht alles für Geld? Da der Zinseszins so alt ist wie der Zins selbst, von dem er abhängt, wurde er im Laufe der Geschichte durch religiöse oder weltliche Vorschriften sehr häufig verboten oder stark eingeschränkt. Dieser Zinseszins kann für Schuldner sehr schnell zum Verhängnis werden, da die Schuld so immer stärker ansteigt, denn die Zinsen erhöhen den geschuldeten Betrag immer weiter. Im Mittelalter wurde der Zinseszins deswegen auch „Schaden" genannt.

5.1. Die Zinseszins-Formel

Die Zinseszins-Formel hat mit der bisherigen Zins-Formel, der »Kip-Formel« wenig bis gar nichts gemeinsam. Denn mit der Zinseszins-Formel rechnest du nicht die Zinsen aus, sondern das Kapital am Ende, das sogenannte Endkapital. Damit du los rechnen kannst, benötigst du zuerst das **Kapital**, das angelegt wurde. Dieses Kapital, auch **Anfangskapital** genannt, wird in der Formel mit einem großgeschriebenen K und einer kleinen tiefgestellten Null dargestellt: K_0. Diese kleine Null signalisiert das Kapital im Jahr 0 der Anlagedauer.

Anfangskapital mit der kleinen Null

Der **Zinssatz** ist eine Prozentzahl und wird daher mit dem Kleinbuchstaben **p** darge-stellt. Setzt du diese Prozentzahl in die Rechnung ein, müsstest du den Zinssatz in der Form 0,... schreiben, denn 5 % stellt die Dezimalzahl 0,05 dar. Damit du aber dennoch den Zinssatz als „richtige Zahl", so wie er in der Aufgabe steht, übernehmen kannst, wird er als Bruch dargestellt, der eine 100 im Nenner (unten) hat. Je höher der Zins-satz, umso höher das spätere Endkapital, daher wird der Zinssatz mit dem Anfangs-kapital multipliziert:

Zinssatz als Dezimalzahl
mit der Division durch 100

Beim Zinseszins werden die Zinsen mitverzinst, das bedeutet, im nächsten Jahr erbrin-gen die Zinsen weitere Zinsen. Dies stellst du dar, in dem du den Zinssatz-Bruch **mit 1 addierst**. Daher setzt du um ihn eine Klammer und schreibst »**1 +**« vor den Bruch. Der Inhalt dieser Klammer wird auch **Zinsfaktor** genannt, der mit **q** dargestellt wird.

Addition mit 1 zum Zinssatz

Je länger ein Kapital angelegt bzw. geliehen wird, desto mehr Zinsen fallen an. Daher ist die Höhe der Zinsen auch von der **Zeitdauer** abhängig. Anders als bei der Zins-rechnung wird die Anzahl der Jahre beim Zinseszins mit dem Kleinbuchstaben **n** darge-stellt. Entscheidend beim Zinseszins ist der Zinsfaktor $q = (1 + \frac{p}{100})$. Dieser Zinsfaktor wird über die gesamte Laufzeit kumuliert, von lateinisch »cumulus«, „Anhäufung". Dabei wird der Zinsfaktor q entsprechend der Anzahl der Jahre mit sich selbst multipli-ziert. Bei zwei Jahren würde die Berechnung der Zinsfaktoren so aussehen: $(1 + \frac{p}{100}) \cdot (1 + \frac{p}{100})$. Ist die Laufzeit jedoch um einiges länger, beispielsweise 15 Jahre, wird diese Rechnung zur Schreibarbeit, denn du musst die Klammer dann 15-mal schreiben. Daher kannst du diese lange und gleiche Multiplikation als **Potenz** darstellen. Die

Anzahl der gleichen Faktoren schreibst du als kleine Zahl (die Hochzahl) hinter die Klammer: $(1 + \frac{p}{100}) \cdot (1 + \frac{p}{100}) = (1 + \frac{p}{100})^2$. Diese kleine 2 hinter der Klammer bedeutet, du musst die Klammer zweimal mit sich selbst multiplizieren. Bei einer Laufzeit von 15 Jahren steht eine hochgestellte 15 hinter der Klammer $(1 + \frac{p}{100})^{15}$. Da du mit diesem kumulierten Zinsfaktor das mit den Zinsen versehene Anfangskapital bzw. das Endkapital berechnest, wird er auch **Aufzinsungsfaktor** oder **Endwertfaktor** genannt. Wenn du später diese Potenz ausrechnest, erhältst du je nach eingesetzten Werten eine mehr oder weniger lange Dezimalzahl. Versuche, diese Zahl nach Möglichkeit **nicht zu runden!** Rechne immer mit allen Stellen, desto genauer wird dein Ergebnis. Schreibe die Zeitdauer n als Potenz (in Form einer Hochzahl) hinter die Klammer.

$$K_0 \cdot (1 + \frac{p}{100})^n \qquad \text{Jahre als Hochzahl}$$

Mit dieser Formel kannst du das **Endkapital** ausrechnen, das nach Ablauf der Zeitdauer n entstanden ist. Um das Endkapital vom Anfangskapital zu unterscheiden, wird es mit einem großgeschriebenen K und einem kleinen tiefgestellten n dargestellt: K_n.

$$\text{Endkapital} \qquad K_n = K_0 \cdot (1 + \frac{p}{100})^n$$

Damit hast du die Formel für das Endkapital mit dem Zinseszins zusammengestellt:

$$K_n = K_0 \cdot (1 + \frac{p}{100})^n$$

Beim Zinseszins werden die Zinsen am Ende des Jahres dem Kapital zugeführt und im nächsten mitverzinst. Da sie dadurch das zu verzinsende Kapital erhöhen, lassen sich mit dem Zinseszins größere Zinserträge erwirtschaften.

5.2. Die Berechnung des Endkapitals

Für die nachfolgenden Rechnungen nehmen wir wieder folgende Situation: Marias Mutter hat 30.000 €, die sie momentan nicht benötigt. Bevor sie die Geldsäcke bei sich zu Hause aufbewahrt, legt sie den Geldbetrag bei der Bank ihres Vertrauens für drei Jahre zu einem Zinssatz von 4 % an. Wie hoch ist das Endkapital nach diesen 3 Jahren? Das sieht vereinfacht so aus:

legt Kapital an

Marias Mutter

Bank

bekommt geliehenes Kapital und Zinsen zurück

Ich zeige dir nun Schritt für Schritt, wie du das Endkapital nach diesen 3 Jahren berechnest:

So berechnest du das Endkapital	So sieht es aus
30.000 € werden 3 Jahre bei der Bank zu 4 % Zins angelegt. Berechne das Endkapital.	$K_0 = 30000€$ $n = 3a$ $p = 4\%$
1. Das ist die Formel, um das Endkapital K_n zu berechnen.	$K_n = K_0 \cdot (1 + \frac{p}{100})^n$
2. Setze nun die gegebenen Werte ein: Das Anfangskapital (K_0) beträgt 30.000 €. Ersetze das K_0 durch 30.000 €.	$K_n = K_0 \cdot (1 + \frac{p}{100})^n$ $K_n = 30000€ \cdot (1 + \frac{p}{100})^n$
3. Der Zinssatz (p) beträgt 4 %. Setze anstelle des p im Zähler des Bruches die 4 ein.	$K_n = 30000€ \cdot (1 + \frac{p}{100})^n$ $K_n = 30000€ \cdot (1 + \frac{4}{100})^n$

So berechnest du das Endkapital		So sieht es aus
4.	Der Zeitraum (n) beträgt **3 Jahre**. Ersetze das n hinter der Klammer durch 3.	$K_n = 30000€ \cdot (1+\frac{4}{100})^n$ $K_n = 30000€ \cdot (1+\frac{4}{100})^3$
5.	Berechne zuerst den Bruch: **4 : 100 = 0,04**. Damit hast du die Prozentzahl in eine Dezimalzahl umgewandelt.	$K_n = 30000€ \cdot (1+\frac{4}{100})^3$ $K_n = 30000€ \cdot (1+0,04)^3$
6.	Berechne anschließend den Inhalt der Klammer: **1 + 0,04 = 1,04**.	$K_n = 30000€ \cdot (1+0,04)^3$ $K_n = 30000€ \cdot (1,04)^3$
7.	Rechne nun die Klammer aus: $(1,04)^3 = 1,04 \cdot 1,04 \cdot 1,04 = 1,124864$. Runde diesen Wert nach Möglichkeit nicht. Rechnest du immer mit allen Stellen, wird dein Ergebnis umso genauer.	$K_n = 30000€ \cdot (1,04)^3$ $K_n = 30000€ \cdot 1,124864$
8.	Berechne die verbleibende Multiplikation: **30.000 € · 1,124864 = 33.745,92 €**.	$K_n = 30000€ \cdot 1,124864$ $K_n = 33745,92€$
🏁	Das Endkapital beträgt nach 3 Jahren 33.745,92 €.	$K_n = 33745,92€$

Falls du Schwierigkeiten beim Ausrechnen der Potenz hast, findest du unter Kapitel 6 auf Seite 38 eine Zinseszinstabelle, aus der du den bereits errechneten Wert entnehmen kannst.

Marias Mutter erhält nach diesen 3 Jahren ein Endkapital von 33.745,92 €. Wenn du nur die Zinsen berechnen willst, musst du das Anfangskapital (K_0) vom Endkapital (K_n) abziehen: $K_n - K_0 = 33.745,92 € - 30.000,00 € = 3.745,92 €$.

Im Vergleich dazu einmal die reine Zinsrechnung mit der berühmten Kip-Formel: $Z = \frac{K \cdot i \cdot p}{100}$: Marias Mutter würde hier nur $Z = \frac{30.000,00 € \cdot 3 \cdot 4}{100} = 3.600,00 €$ an Zinsen bekommen, das Ergibt ein Endkapital von 30.000,00 € + 3.600,00 € = 33.600,00 €, also 145,92 € weniger. Diese Differenz von 145,92 € sind nüchtern betrachtet nicht allzu viel. Aber du kannst hier sehr gut sehen, dass durch die Verzinsung der Zinsen ein weiterer Zuwachs von 145,92 € möglich ist.

mathetreff-online

Den Zinseszins erhältst du, wenn du einen Geldbetrag bei der Bank anlegst und die Zinsen mitverzinst werden. Auf diese Weise vergrößert sich das angelegte Kapital schneller.

5.3. Die Berechnung des Anfangskapitals

Bei einigen Aufgaben ist nicht das Endkapital K_n gesucht, sondern das Anfangskapital K_0. Dazu musst du nur die Zinseszinsformel umstellen. Damit du das Anfangskapital K_0 berechnen kannst, muss es alleine stehen. Du verschiebst daher die ganze Klammer auf die linke Seite zum K_n. Wie du das machst, zeige ich dir jetzt.

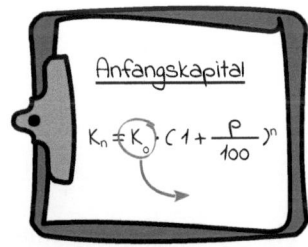

So stellst du die Zinsformel nach K_0 um	So sieht es aus
Die Ausgangsformel ist die Zinseszinsformel, die du nach K_0 umstellen musst.	$K_n = K_0 \cdot (1 + \frac{p}{100})^n$
1. Das K_0 muss am Ende alleine stehen. Da das K_0 mit der Klammer durch eine Multiplikation verbunden ist, musst du beide Seiten **durch die Klammer dividieren**, um sie auf die andere Seite zu bringen.	$K_n = K_0 \cdot (1 + \frac{p}{100})^n \quad \mid : (1 + \frac{p}{100})^n$
2. Auf der rechten Seite steht im Bruch die Rechnung $(1 + \frac{p}{100})^n : (1 + \frac{p}{100})^n$, die sich aufhebt (ergibt 1). Damit ist die Klammer auf der rechten Seite verschwunden und das K_0 steht alleine.	$\dfrac{K_n}{(1 + \frac{p}{100})^n} = \dfrac{K_0 \cdot \cancel{(1 + \frac{p}{100})^n}}{\cancel{(1 + \frac{p}{100})^n}}$ $\dfrac{K_n}{(1 + \frac{p}{100})^n} = K_0$

So stellst du die Zinsformel nach K_0 um	So sieht es aus
🏁 Drehe die Formel um und du erhältst zum Schluss die Formel, mit der du das Anfangskapital K_0 bestimmen kannst.	$K_0 = \dfrac{K_n}{\left(1+\frac{p}{100}\right)^n}$

Du erhältst die umgestellte Formel, mit der du aus dem Endkapital K_n, der Zeitdauer n und dem Zinssatz p schnell und einfach das Anfangskapital K_0 berechnen kannst:

$$K_0 = \frac{K_n}{\left(1+\frac{p}{100}\right)^n}$$

Marias Mutter legt einen Geldbetrag für 3 Jahre zu einem Zinseszinssatz von 4 % an. Das Endkapital beträgt 33.745,92 €. Welchen Geldbetrag hat sie angelegt?

Ich werde dir nun Schritt für Schritt zeigen, wie du das Anfangskapital K_0 ermittelst: Zu Beginn musst du die Werte für das Endkapital K_n, die Zeitdauer n und den Zinssatz p aus der Aufgabenstellung ablesen bzw. herausfinden: Die 33.475,92 € ist das Endkapital K_n. Die Zeitdauer n beträgt 3 Jahre (n = 3 a) und der Wert mit dem Prozentzeichen ist der Zinssatz (p = 4 %). Setze diese Werte in die Formel ein. Berechne zuerst den Bruch im Nenner: 4 : 100 = 0,04 €. Addiere anschließend 1 dazu und berechne die komplette Klammer: $(1,04)^3$ = 1,124864. Berechne anschließend den verbleibenden Bruch: 33.745,92 € : 1,124864 = 30.000,00 €. Das Anfangskapital K_0 beträgt 30.000,00 €.

So berechnest du das Anfangslapital K_0	So sieht es aus
Du sollst das Anfangskapital K_0 berechnen.	$K_n = 33745,92 €$ $n = 3a$ $p = 4\%$
1. Diese Formel benötigst du:	$K_0 = \dfrac{K_n}{\left(1+\frac{p}{100}\right)^n}$

mathetreff-online

So berechnest du das Anfangskapital K_0	So sieht es aus
2. Setze die Werte in die Formel ein: Das Endkapital K_n steht im Bruch oben und beträgt 33.745,92 €. Ersetze das K_n durch 33.745,92 €.	$K_0 = \dfrac{K_n}{\left(1+\dfrac{p}{100}\right)^n}$ $K_0 = \dfrac{33745,92\ €}{\left(1+\dfrac{p}{100}\right)^n}$
3. Der Zinssatz p steht im Zähler des kleinen Bruches, der im Nenner des großen Bruches steht und beträgt 4. Ersetze das p durch 4. Da du später durch 100 dividierst, lässt du das Prozentzeichen weg.	$K_0 = \dfrac{33745,92\ €}{\left(1+\dfrac{p}{100}\right)^n}$ $K_0 = \dfrac{33745,92\ €}{\left(1+\dfrac{4}{100}\right)^n}$
4. Die Zeitdauer n steht im Bruch unten hinter der Klammer und beträgt 3. Ersetze das n durch 3.	$K_0 = \dfrac{33745,92\ €}{\left(1+\dfrac{4}{100}\right)^n}$ $K_0 = \dfrac{33745,92\ €}{\left(1+\dfrac{4}{100}\right)^3}$
5. Löse zuerst den Bruch im Nenner auf, indem du die 4 durch die 100 dividierst: $4 : 100 = 0{,}04$.	$K_0 = \dfrac{33745,92\ €}{\left(1+\dfrac{4}{100}\right)^3}$ $K_0 = \dfrac{33745,92\ €}{\left(1+0,04\right)^3}$
6. Berechne die Addition in der Klammer: $1 + 0{,}04 = 1{,}04$.	$K_0 = \dfrac{33745,92\ €}{\left(1+0,04\right)^3}$ $K_0 = \dfrac{33745,92\ €}{\left(1,04\right)^3}$
7. Berechne anschließend die Klammer: $(1{,}04)^3 = 1{,}04 \cdot 1{,}04 \cdot 1{,}04 = 1{,}124864$.	$K_0 = \dfrac{33745,92\ €}{\left(1,04\right)^3}$ $K_0 = \dfrac{33745,92\ €}{1,124864}$
8. Übrig bleibt ein Bruch. Berechne ihn zum Schluss: $33.745{,}95\ € : 1{,}124864 = 30.000\ €$.	$K_0 = \dfrac{33745,92\ €}{1,124864}$ $K_0 = 30000€$
🏁 Das Anfangskapital K_0 beträgt 30.000 €.	$K_0 = 30000€$

Falls du Schwierigkeiten beim Ausrechnen der Potenz hast, findest du unter Kapitel 6 auf Seite 38 eine Zinseszinstabelle, aus der du den bereits errechneten Wert entnehmen kannst.

Berechnest du das Anfangskapital K_0, erhältst du fast immer eine Dezimalzahl, die ganz knapp ober- oder unterhalb einer Ganzzahl liegt, wie beispielsweise 25.199,99998 € oder auch 16.100,0081 €. Diese minimale Abweichung stammt aus der Rundung der Zinsen. Daher ist das Anfangskapital auf ganzzahlige Werte zu runden, da in der Regel nur volle Geldbeträge angelegt werden.

Das Anfangskapital K_0 ist die Ausgangsgröße bei der Zinseszinsrechnung. Um es zu bestimmen, multiplizierst du die Zinsen mit 100, und dividierst alles durch die Zeitdauer und durch den Zinssatz.

5.4. Die Berechnung des Zinssatzes

Bei einigen Aufgaben sind nicht das Endkapital K_n gesucht, sondern der **Zinssatz p**. Dazu musst du nur die Zinseszinsformel umstellen. Damit du den Zinssatz p berechnen kannst, muss er alleine stehen. Du verschiebst daher alles andere auf die linke Seite zum K_n. Wie du das machst, zeige ich dir jetzt.

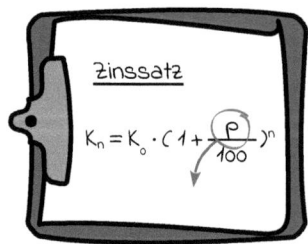

Zinssatz

$$K_n = K_0 \cdot (1 + \frac{p}{100})^n$$

So stellst du die Zinseszinsformel nach p um	So sieht es aus
Die Ausgangsformel ist die Zinseszinsformel, die du nach **p** umstellen musst.	$K_n = K_0 \cdot (1 + \frac{p}{100})^n$

mathetreff-online

So stellst du die Zinseszinsformel nach p um	So sieht es aus
1. Das p muss am Ende alleine stehen. Zuerst muss das K_0 auf die andere Seite. Da das K_0 mit der Klammer durch eine Multiplikation verbunden ist, musst du beide Seiten durch K_0 dividieren, um es auf die andere Seite zu bringen.	$K_n = K_0 \cdot (1 + \frac{p}{100})^n \quad \mid : K_0$
2. Auf der rechten Seite steht im Bruch die Rechnung $K_0 : K_0$, die sich aufhebt (ergibt 1). Damit ist das K_0 auf der rechten Seite verschwunden und die Klammer steht alleine.	$\frac{K_n}{K_0} = \frac{K_0 \cdot (1 + \frac{p}{100})^n}{K_0}$ $\frac{K_n}{K_0} = (1 + \frac{p}{100})^n$
3. Hinter der Klammer steht die Hochzahl der Potenz, die du auch auf die andere Seite packst. Die Umkehrung einer Potenz ist das Wurzelziehen. Du musst daher auf beiden Seien die n-te Wurzel ($\sqrt[n]{\ }$) ziehen. Damit sind auf der rechten Seite die Wurzel und die Potenz verschwunden und es bleibt noch $1 + \frac{p}{100}$.	$\frac{K_n}{K_0} = (1 + \frac{p}{100})^n \quad \mid \sqrt[n]{\ }$ $\sqrt[n]{\frac{K_n}{K_0}} = \sqrt[n]{(1 + \frac{p}{100})^n}$ $\sqrt[n]{\frac{K_n}{K_0}} = 1 + \frac{p}{100}$
4. Wir sind unserem Ziel schon ein ganzes Stück näher gekommen. Nun muss die 1 auf die andere Seite. Da sie eine Addition darstellt, musst du beide Seiten mit -1 subtrahieren. Da $1 - 1 = 0$ ist, fällt die 1 vor dem Bruch weg.	$\sqrt[n]{\frac{K_n}{K_0}} = 1 + \frac{p}{100} \quad \mid -1$ $\sqrt[n]{\frac{K_n}{K_0}} - 1 = 1 - 1 + \frac{p}{100}$ $\sqrt[n]{\frac{K_n}{K_0}} - 1 = \frac{p}{100}$
5. Damit das p alleine steht, stören nur die 100 im Nenner. Da die 100 mit dem p durch eine Division (Bruch) verbunden ist, musst du beide Seiten mit 100 multiplizieren. Damit ist der Bruch verschwunden und das p steht alleine.	$\sqrt[n]{\frac{K_n}{K_0}} - 1 = \frac{p}{100} \quad \mid \cdot 100$ $(\sqrt[n]{\frac{K_n}{K_0}} - 1) \cdot 100 = \frac{p \cdot 100}{100}$ $(\sqrt[n]{\frac{K_n}{K_0}} - 1) \cdot 100 = p$
🏁 Du erhältst zum Schluss diese Formel, mit der du den Zinssatz p bestimmen kannst.	$p = (\sqrt[n]{\frac{K_n}{K_0}} - 1) \cdot 100$

Du erhältst die umgestellte Formel, mit der du aus dem Anfangskapital K_0, dem Endkapital K_n und der Zeitdauer n schnell und einfach den **Zinssatz p** berechnen kannst:

$$p = (\sqrt[n]{\frac{K_n}{K_0}} - 1) \cdot 100$$

Marias Mutter legt 30.000,00 € für 3 Jahre mit Zinseszins an. Das Endkapital beträgt 33.745,92 €. Wie hoch war der Zinssatz?

Ich werde dir nun Schritt für Schritt zeigen, wie du den Zinssatz ermittelst: Zu Beginn musst du die Werte für das Anfangskapital K_0, das Endkapital K_n und die Zeitdauer n aus der Aufgabenstellung ablesen bzw. herausfinden: Der kleinere Geldbetrag (die 30.000,00 €) ist das Anfangskapital K_0, der größere (die 33.475,92 €) das Endkapital K_n. Die Zeitdauer n beträgt 3 Jahre (n = 3 a). Setze diese Werte in die Formel ein. Berechne zuerst den Bruch unter der Wurzel: 33.745,00 € : 30.000,00 € = 1,124864. Auch wenn dieser Wert viele Dezimalstellen hat: Runde ihn nicht. Ziehe mittels Taschenrechner die 3-te Wurzel aus 1,124864. Berechne anschließend die Subtraktion in der Klammer: 1,04 − 1 = 0,04. Die verbleibende Multiplikation wandelt diese Zahl in eine Prozentzahl um: 0,04 · 100 = 4 %. Der Zinssatz p beträgt 4 %.

So berechnest du den Zinssatz p	So sieht es aus
Du sollst den Zinssatz p berechnen.	$K_0 = 30000,00€$ $K_n = 33745,92€$ $n = 3a$
1. Diese Formel benötigst du:	$p = (\sqrt[n]{\frac{K_n}{K_0}} - 1) \cdot 100$
2. Setze die Werte in die Formel ein: Das Endkapital K_n steht im Zähler und beträgt **33.745,92 €**. Ersetze das K_n durch 33.745,92 €.	$p = (\sqrt[n]{\frac{K_n}{K_0}} - 1) \cdot 100$ $p = (\sqrt[n]{\frac{33745,92 €}{K_0}} - 1) \cdot 100$
3. Das Anfangskapital K_0 steht im Nenner und beträgt **30.000,00 €**. Ersetze das K_0 durch 30.000,00 €.	$p = (\sqrt[n]{\frac{33745,92 €}{K_0}} - 1) \cdot 100$ $p = (\sqrt[n]{\frac{33745,92 €}{30000,00 €}} - 1) \cdot 100$

So berechnest du den Zinssatz p	So sieht es aus
4. Die Zeitdauer n steht ganz vorne bei der Wurzel und beträgt 3. Ersetze das n durch 3, du musst später die 3-te Wurzel ziehen.	$p = (\sqrt[n]{\dfrac{33745,92\ €}{30000,00\ €}} - 1) \cdot 100$ $p = (\sqrt[3]{\dfrac{33745,92\ €}{30000,00\ €}} - 1) \cdot 100$
5. Löse zuerst den Bruch unter der Wurzel auf, indem du die 33.745,92 € durch die 30.000,00 € dividierst: 33.745,00 € : 30.000,00 € = 1,124864. Auch wenn dieser Wert viele Dezimalstellen hat: Runde ihn nicht.	$p = (\sqrt[3]{\dfrac{33745,92\ €}{30000,00\ €}} - 1) \cdot 100$ $p = (\sqrt[3]{1,124864} - 1) \cdot 100$
6. Ziehe die 3-te Wurzel aus 1,124864. Dazu benötigst du einen Taschenrechner oder du schaust in der Zinseszinstabelle auf Seite 38 nach: $\sqrt[n]{1,124864} = 1,04$.	$p = (\sqrt[3]{1,124864} - 1) \cdot 100$ $p = (1,04 - 1) \cdot 100$
7. Berechne die Subtraktion in der Klammer: 1,04 − 1 = 0,04.	$p = (1,04 - 1) \cdot 100$ $p = 0,04 \cdot 100$
8. Berechne anschließend die Multiplikation, um diese Zahl in eine Prozentzahl umzuwandeln: 0,04 · 100 = 4 %.	$p = 0,04 \cdot 100$ $p = 4\%$
🏁 Der Zinssatz p beträgt 4 %.	$p = 4\%$

Der Zinssatz p ist eine wichtige Größe bei der Zinseszins-rechnung. Um ihn zu bestimmen, dividierst du das Endkapital durch das Anfangskapital. Aus diesem Wert ziehst du die n-te Wurzel, deren Anzahl die Zeitdauer ist. Anschließend subtrahierst du 1 und multiplizierst alles mit 100, um eine Prozentzahl zu erhalten.

 Zinseszinstabelle

Um den Zinseszins berechnen zu können, benötigst du den kumulierten Zinsfaktor, auch Aufzinsungs- oder Endwertfaktor genannt. Falls du keinen speziellen Taschenrechner hast, habe ich dir diesen Faktor für die Zinssätze 1 bis 16 % und für die Jahre 1 bis 20 aufgelistet. Berechnen kannst du die einzelnen Werte über die Formel $(1 + \frac{p}{100})^n$.

	1 %	2 %	3 %	4 %	5 %	6 %	7 %	8 %
1 Jahr	1,010000	1,020000	1,030000	1,040000	1,050000	1,060000	1,070000	1,080000
2 Jahre	1,020100	1,040400	1,060900	1,081600	1,102500	1,123600	1,144900	1,166400
3 Jahre	1,030301	1,061208	1,092727	1,124864	1,157625	1,191016	1,225043	1,259712
4 Jahre	1,040604	1,082432	1,125509	1,169859	1,215506	1,262477	1,310796	1,360489
5 Jahre	1,051010	1,104081	1,159274	1,216653	1,276282	1,338226	1,402552	1,469328
6 Jahre	1,061520	1,126162	1,194052	1,265319	1,340096	1,418519	1,500730	1,586874
7 Jahre	1,072135	1,148686	1,229874	1,315932	1,407100	1,503630	1,605781	1,713824
8 Jahre	1,082857	1,171659	1,266770	1,368569	1,477455	1,593848	1,718186	1,850930
9 Jahre	1,093685	1,195093	1,304773	1,423312	1,551328	1,689479	1,838459	1,999005
10 Jahre	1,104622	1,218994	1,343916	1,480244	1,628895	1,790848	1,967151	2,158925
11 Jahre	1,115668	1,243374	1,384234	1,539454	1,710339	1,898299	2,104852	2,331639
12 Jahre	1,126825	1,268242	1,425761	1,601032	1,795856	2,012196	2,252192	2,518170
13 Jahre	1,138093	1,293607	1,468534	1,665074	1,885649	2,132928	2,409845	2,719624
14 Jahre	1,149474	1,319479	1,512590	1,731676	1,979932	2,260904	2,578534	2,937194
15 Jahre	1,160969	1,345868	1,557967	1,800944	2,078928	2,396558	2,759032	3,172169
16 Jahre	1,172579	1,372786	1,604706	1,872981	2,182875	2,540352	2,952164	3,425943
17 Jahre	1,184304	1,400241	1,652848	1,947900	2,292018	2,692773	3,158815	3,700018
18 Jahre	1,196147	1,428246	1,702433	2,025817	2,406619	2,854339	3,379932	3,996019
19 Jahre	1,208109	1,456811	1,753506	2,106849	2,526950	3,025600	3,616528	4,315701
20 Jahre	1,220190	1,485947	1,806111	2,191123	2,653298	3,207135	3,869684	4,660957

mathetreff-online

Mit diesen Aufzinsungs- bzw. Endwertfaktoren kannst du auch ohne speziellen Taschenrechner das Endkapital der Zinseszinsrechnung berechnen. Multipliziere das Anfangskapital mit dem Aufzinsungs- bzw. Endwertfaktor.

9 %	10 %	11 %	12 %	13 %	14 %	15 %	16 %
1,090000	1,100000	1,110000	1,120000	1,130000	1,140000	1,150000	1,160000
1,188100	1,210000	1,232100	1,254400	1,276900	1,299600	1,322500	1,345600
1,295029	1,331000	1,367631	1,404928	1,442897	1,481544	1,520875	1,560896
1,411582	1,464100	1,518070	1,573519	1,630474	1,688960	1,749006	1,810639
1,538624	1,610510	1,685058	1,762342	1,842435	1,925415	2,011357	2,100342
1,677100	1,771561	1,870415	1,973823	2,081952	2,194973	2,313061	2,436396
1,828039	1,948717	2,076160	2,210681	2,352605	2,502269	2,660020	2,826220
1,992563	2,143589	2,304538	2,475963	2,658444	2,852586	3,059023	3,278415
2,171893	2,357948	2,558037	2,773079	3,004042	3,251949	3,517876	3,802961
2,367364	2,593742	2,839421	3,105848	3,394567	3,707221	4,045558	4,411435
2,580426	2,853117	3,151757	3,478550	3,835861	4,226232	4,652391	5,117265
2,812665	3,138428	3,498451	3,895976	4,334523	4,817905	5,350250	5,936027
3,065805	3,452271	3,883280	4,363493	4,898011	5,492411	6,152788	6,885791
3,341727	3,797498	4,310441	4,887112	5,534753	6,261349	7,075706	7,987518
3,642482	4,177248	4,784589	5,473566	6,254270	7,137938	8,137062	9,265521
3,970306	4,594973	5,310894	6,130394	7,067326	8,137249	9,357621	10,748004
4,327633	5,054470	5,895093	6,866041	7,986078	9,276464	10,761264	12,467685
4,717120	5,559917	6,543553	7,689966	9,024268	10,575169	12,375454	14,462514
5,141661	6,115909	7,263344	8,612762	10,197423	12,055693	14,231772	16,776517
5,604411	6,727500	8,062312	9,646293	11,523088	13,743490	16,366537	19,460759

6. Zinseszinstabelle – Zinseszinstabelle

39

7. Übungsaufgaben

Nachdem du nun die Grundlagen des Zinsrechnens gelernt hast, ist es an der Zeit, dein neues Wissen anzuwenden. Hier findest du viele Übungsaufgaben, bei denen du ausgiebig üben kannst.

Übungen zu „Die Berechnung der Zinsen"

→ die Lösungen stehen ab Seite 57

1. Berechne die Zinsen Z:

a) $K = 41,00 €$; $i = 2$ a; $p = 7\%$

b) $K = 86,00 €$; $i = 8$ a; $p = 4\%$

c) $K = 54,00 €$; $i = 3$ a; $p = 8\%$

d) $K = 61,00 €$; $i = 8$ a; $p = 5\%$

e) $K = 35,00 €$; $i = 4$ a; $p = 2\%$

f) $K = 22,00 €$; $i = 7$ a; $p = 7\%$

g) $K = 37,00 €$; $i = 6$ a; $p = 7\%$

h) $K = 23,00 €$; $i = 3$ a; $p = 5\%$

i) $K = 22,00 €$; $i = 4$ a; $p = 5\%$

j) $K = 61,00 €$; $i = 4$ a; $p = 5\%$

2. Berechne die Zinsen Z:

a) $K = 1.360,00 €$; $i = 7$ a; $p = 6\%$

b) $K = 895,00 €$; $i = 7$ a; $p = 6\%$

c) $K = 1.335,00 €$; $i = 4$ a; $p = 3\%$

d) $K = 921,00 €$; $i = 5$ a; $p = 9\%$

e) $K = 1.400,00 €$; $i = 4$ a; $p = 7\%$

f) $K = 1.151,00 €$; $i = 6$ a; $p = 4\%$

g) $K = 902,00 €$; $i = 3$ a; $p = 5\%$

h) $K = 1.387,00 €$; $i = 9$ a; $p = 6\%$

i) $K = 1.083,00 €$; $i = 3$ a; $p = 7\%$

j) $K = 1.431,00 €$; $i = 2$ a; $p = 6\%$

3. Berechne die Zinsen Z:

a) $K = 127.500,00$ €; $i = 8$ a; $p = 2$ %

b) $K = 148.900,00$ €; $i = 9$ a; $p = 5$ %

c) $K = 134.700,00$ €; $i = 8$ a; $p = 9$ %

d) $K = 135.400,00$ €; $i = 7$ a; $p = 2$ %

e) $K = 85.600,00$ €; $i = 3$ a; $p = 6$ %

f) $K = 115.200,00$ €; $i = 2$ a; $p = 5$ %

g) $K = 144.300,00$ €; $i = 8$ a; $p = 8$ %

h) $K = 74.100,00$ €; $i = 6$ a; $p = 5$ %

i) $K = 74.700,00$ €; $i = 7$ a; $p = 4$ %

j) $K = 139.700,00$ €; $i = 7$ a; $p = 2$ %

4. Berechne die Zinsen Z:

a) $K = 8.850,00$ €; $i = 12$ a; $p = 7$ %

b) $K = 7.390,00$ €; $i = 28$ a; $p = 6$ %

c) $K = 12.990,00$ €; $i = 23$ a; $p = 2$ %

d) $K = 12.930,00$ €; $i = 13$ a; $p = 4$ %

e) $K = 9.340,00$ €; $i = 15$ a; $p = 9$ %

f) $K = 8.190,00$ €; $i = 13$ a; $p = 8$ %

g) $K = 14.100,00$ €; $i = 20$ a; $p = 9$ %

h) $K = 7.750,00$ €; $i = 17$ a; $p = 5$ %

i) $K = 8.420,00$ €; $i = 25$ a; $p = 4$ %

j) $K = 9.760,00$ €; $i = 24$ a; $p = 9$ %

5. Berechne die Zinsen Z:

a) $K = 1.330,00$ €; $i = 6$ a; $p = 14$ %

b) $K = 1.450,00$ €; $i = 2$ a; $p = 18$ %

c) $K = 750,00$ €; $i = 6$ a; $p = 14$ %

d) $K = 830,00$ €; $i = 9$ a; $p = 13$ %

e) $K = 1.120,00$ €; $i = 7$ a; $p = 15$ %

f) $K = 1.330,00$ €; $i = 4$ a; $p = 16$ %

g) $K = 1.050,00$ €; $i = 3$ a; $p = 13$ %

h) $K = 1.100,00$ €; $i = 5$ a; $p = 16$ %

i) $K = 1.210,00$ €; $i = 2$ a; $p = 17$ %

j) $K = 890,00$ €; $i = 8$ a; $p = 15$ %

6. Berechne die Zinsen Z:

a) $K = 1.480,00$ €; $i = 4$ a; $p = 3,4$ %

b) $K = 1.320,00$ €; $i = 2$ a; $p = 1,5$ %

c) $K = 740,00$ €; $i = 9$ a; $p = 7,1$ %

d) $K = 1.060,00$ €; $i = 9$ a; $p = 7,3$ %

e) $K = 1.100,00$ €; $i = 7$ a; $p = 8,8$ %

f) $K = 1.470,00$ €; $i = 2$ a; $p = 5,8$ %

g) $K = 1.080,00$ €; $i = 4$ a; $p = 6,7$ %

h) $K = 1.030,00$ €; $i = 5$ a; $p = 8,4$ %

i) $K = 730,00$ €; $i = 4$ a; $p = 6,9$ %

j) $K = 1.140,00$ €; $i = 9$ a; $p = 1,1$ %

Übungen zu „Die Berechnung des Kapitals"

→ die Lösungen stehen ab Seite 59

7. Berechne das Kapital K:

a) $Z = 1,40$ €; $i = 7$ a; $p = 2$ %   b) $Z = 6,37$ €; $i = 7$ a; $p = 7$ %

c) $Z = 6,48$ €; $i = 9$ a; $p = 8$ %   d) $Z = 1,44$ €; $i = 4$ a; $p = 4$ %

e) $Z = 1,80$ €; $i = 5$ a; $p = 3$ %   f) $Z = 1,44$ €; $i = 2$ a; $p = 9$ %

g) $Z = 2,94$ €; $i = 3$ a; $p = 7$ %   h) $Z = 3,36$ €; $i = 3$ a; $p = 8$ %

i) $Z = 4,32$ €; $i = 6$ a; $p = 9$ %   j) $Z = 5,76$ €; $i = 8$ a; $p = 6$ %

8. Berechne das Kapital K:

a) $Z = 3.070,20$ €; $i = 7$ a; $p = 6$ %   b) $Z = 659,00$ €; $i = 2$ a; $p = 5$ %

c) $Z = 116,40$ €; $i = 3$ a; $p = 2$ %   d) $Z = 344,00$ €; $i = 5$ a; $p = 8$ %

e) $Z = 1.089,60$ €; $i = 8$ a; $p = 3$ %   f) $Z = 161,40$ €; $i = 2$ a; $p = 3$ %

g) $Z = 995,20$ €; $i = 2$ a; $p = 8$ %   h) $Z = 139,20$ €; $i = 4$ a; $p = 2$ %

i) $Z = 419,40$ €; $i = 9$ a; $p = 2$ %   j) $Z = 1.075,20$ €; $i = 4$ a; $p = 6$ %

9. Berechne das Kapital K:

a) $Z = 41.760,00$ €; $i = 4$ a; $p = 9$ %   b) $Z = 46.890,00$ €; $i = 9$ a; $p = 5$ %

c) $Z = 17.720,00$ €; $i = 4$ a; $p = 5$ %   d) $Z = 11.727,00$ €; $i = 3$ a; $p = 3$ %

e) $Z = 6.224,00$ €; $i = 4$ a; $p = 2$ %   f) $Z = 36.477,00$ €; $i = 9$ a; $p = 3$ %

g) $Z = 28.875,00$ €; $i = 3$ a; $p = 7$ %   h) $Z = 18.288,00$ €; $i = 3$ a; $p = 8$ %

i) $Z = 47.295,00$ €; $i = 9$ a; $p = 5$ %   j) $Z = 88.011,00$ €; $i = 9$ a; $p = 7$ %

10. Berechne das Kapital K:

a) $Z = 4.928,00$ €; $i = 16$ a; $p = 7$ %   b) $Z = 819,00$ €; $i = 13$ a; $p = 3$ %

c) $Z = 2.772,00$ €; $i = 14$ a; $p = 9$ %   d) $Z = 1.120,00$ €; $i = 20$ a; $p = 4$ %

e) $Z = 1.120,00$ €; $i = 16$ a; $p = 7$ %   f) $Z = 3.024,00$ €; $i = 18$ a; $p = 3$ %

g) $Z = 3.800,00$ €; $i = 19$ a; $p = 4$ %   h) $Z = 2.688,00$ €; $i = 24$ a; $p = 8$ %

i) $Z = 6.720,00$ €; $i = 28$ a; $p = 6$ %   j) $Z = 660,00$ €; $i = 15$ a; $p = 2$ %

11. Berechne das Kapital K:

a) $Z = 750,00$ €; $i = 2$ a; $p = 15$ % b) $Z = 4.752,00$ €; $i = 4$ a; $p = 22$ %

c) $Z = 4.212,00$ €; $i = 3$ a; $p = 26$ % d) $Z = 4.602,00$ €; $i = 6$ a; $p = 13$ %

e) $Z = 10.692,00$ €; $i = 9$ a; $p = 22$ % f) $Z = 4.144,00$ €; $i = 8$ a; $p = 14$ %

g) $Z = 8.056,00$ €; $i = 8$ a; $p = 19$ % h) $Z = 4.128,00$ €; $i = 4$ a; $p = 24$ %

i) $Z = 4.374,00$ €; $i = 9$ a; $p = 18$ % j) $Z = 8.960,00$ €; $i = 5$ a; $p = 28$ %

12. Berechne die Zinsen Z:

a) $Z = 842,40$ €; $i = 8$ a; $p = 2,7$ % b) $Z = 1.968,40$ €; $i = 7$ a; $p = 3,7$ %

c) $Z = 1.009,20$ €; $i = 3$ a; $p = 5,8$ % d) $Z = 1.254,00$ €; $i = 4$ a; $p = 5,7$ %

e) $Z = 617,40$ €; $i = 9$ a; $p = 1,4$ % f) $Z = 715,00$ €; $i = 5$ a; $p = 5,5$ %

g) $Z = 453,60$ €; $i = 6$ a; $p = 1,8$ % h) $Z = 146,30$ €; $i = 7$ a; $p = 1,1$ %

i) $Z = 573,30$ €; $i = 3$ a; $p = 3,9$ % j) $Z = 529,20$ €; $i = 2$ a; $p = 4,2$ %

Übungen zu „Die Berechnung der Zeitdauer"

→ die Lösungen stehen ab Seite 62

13. Berechne die Zeitdauer i:

a) $Z = 24,40$ €; $K = 61,00$ €; $p = 5$ % b) $Z = 48,00$ €; $K = 75,00$ €; $p = 8$ %

c) $Z = 7,44$ €; $K = 62,00$ €; $p = 3$ % d) $Z = 7,20$ €; $K = 40,00$ €; $p = 3$ %

e) $Z = 4,50$ €; $K = 10,00$ €; $p = 9$ % f) $Z = 5,58$ €; $K = 31,00$ €; $p = 6$ %

g) $Z = 6,60$ €; $K = 22,00$ €; $p = 6$ % h) $Z = 3,54$ €; $K = 59,00$ €; $p = 2$ %

i) $Z = 3,00$ €; $K = 15,00$ €; $p = 5$ % j) $Z = 2,43$ €; $K = 27,00$ €; $p = 3$ %

14. Berechne die Zeitdauer i:

a) $Z = 1.237,50$ €; $K = 4.950,00$ €; $p = 5$ %

b) $Z = 92,40$ €; $K = 1.540,00$ €; $p = 3$ %

c) $Z = 268,80$ €; $K = 1.680,00$ €; $p = 2$ %

d) $Z = 794,50$ €; $K = 2.270,00$ €; $p = 7$ %

e) $Z = 777,60$ €; $K = 6.480,00$ €; $p = 6$ %

f) $Z = 63,20$ €; $K = 1.580,00$ €; $p = 2$ %

g) $Z = 648,20$ €; $K = 4.630,00$ €; $p = 7$ %

h) $Z = 154,50$ €; $K = 1.030,00$ €; $p = 5\,\%$

i) $Z = 399,00$ €; $K = 1.330,00$ €; $p = 5\,\%$

j) $Z = 708,40$ €; $K = 2.530,00$ €; $p = 4\,\%$

15. Berechne die Zeitdauer i:

a) $Z = 16.411,50$ €; $K = 15.630,00$ €; $p = 7\,\%$

b) $Z = 11.001,00$ €; $K = 36.670,00$ €; $p = 3\,\%$

c) $Z = 23.463,00$ €; $K = 43.450,00$ €; $p = 9\,\%$

d) $Z = 32.035,20$ €; $K = 66.740,00$ €; $p = 4\,\%$

e) $Z = 13.300,00$ €; $K = 23.750,00$ €; $p = 4\,\%$

f) $Z = 44.086,00$ €; $K = 62.980,00$ €; $p = 7\,\%$

g) $Z = 27.716,00$ €; $K = 69.290,00$ €; $p = 5\,\%$

h) $Z = 10.513,80$ €; $K = 10.620,00$ €; $p = 9\,\%$

i) $Z = 17.654,40$ €; $K = 73.560,00$ €; $p = 4\,\%$

j) $Z = 13.590,00$ €; $K = 22.650,00$ €; $p = 4\,\%$

16. Berechne die Zeitdauer i:

a) $Z = 172.020,00$ €; $K = 573.400,00$ €; $p = 2\,\%$

b) $Z = 192.240,00$ €; $K = 480.600,00$ €; $p = 5\,\%$

c) $Z = 275.520,00$ €; $K = 459.200,00$ €; $p = 4\,\%$

d) $Z = 109.920,00$ €; $K = 229.000,00$ €; $p = 6\,\%$

e) $Z = 336.910,00$ €; $K = 481.300,00$ €; $p = 10\,\%$

f) $Z = 77.952,00$ €; $K = 278.400,00$ €; $p = 2\,\%$

g) $Z = 388.800,00$ €; $K = 324.000,00$ €; $p = 8\,\%$

h) $Z = 180.504,00$ €; $K = 752.100,00$ €; $p = 3\,\%$

i) $Z = 452.790,00$ €; $K = 580.500,00$ €; $p = 6\,\%$

j) $Z = 330.687,00$ €; $K = 524.900,00$ €; $p = 9\,\%$

17. Berechne die Zeitdauer i:

a) $Z = 1.435,20$ €; $K = 5.980,00$ €; $p = 12\,\%$

b) $Z = 5.176,00$ €; $K = 6.470,00$ €; $p = 16\,\%$

c) $Z = 9.625,00$ €; $K = 5.500,00$ €; $p = 25\,\%$

d) $Z = 6.580,80$ €; $K = 4.570,00$ €; $p = 18\,\%$

e) $Z = 3.054,40$ €; $K = 1.660,00$ €; $p = 23$ %

f) $Z = 1.914,00$ €; $K = 2.900,00$ €; $p = 22$ %

g) $Z = 2.608,00$ €; $K = 3.260,00$ €; $p = 20$ %

h) $Z = 6.846,40$ €; $K = 3.890,00$ €; $p = 22$ %

i) $Z = 3.120,00$ €; $K = 3.900,00$ €; $p = 16$ %

j) $Z = 3.091,20$ €; $K = 1.840,00$ €; $p = 21$ %

18. Berechne die Zeitdauer i:

a) $Z = 316,80$ €; $K = 2.400,00$ €; $p = 3,3$ %

b) $Z = 451,20$ €; $K = 3.200,00$ €; $p = 4,7$ %

c) $Z = 469,20$ €; $K = 4.600,00$ €; $p = 1,7$ %

d) $Z = 44,40$ €; $K = 3.700,00$ €; $p = 0,6$ %

e) $Z = 601,80$ €; $K = 1.700,00$ €; $p = 5,9$ %

f) $Z = 1.331,10$ €; $K = 2.900,00$ €; $p = 5,1$ %

g) $Z = 1.287,00$ €; $K = 5.500,00$ €; $p = 3,9$ %

h) $Z = 164,00$ €; $K = 4.100,00$ €; $p = 0,8$ %

i) $Z = 475,20$ €; $K = 4.800,00$ €; $p = 3,3$ %

j) $Z = 80,00$ €; $K = 800,00$ €; $p = 5,0$ %

Übungen zu „Die Berechnung des Zinssatzes"

→ die Lösungen stehen ab Seite 64

19. Berechne den Zinssatz p:

a) $Z = 2,28$ €; $K = 57,00$ €; $i = 2$ a

b) $Z = 8,19$ €; $K = 13,00$ €; $i = 9$ a

c) $Z = 6,60$ €; $K = 55,00$ €; $i = 6$ a

d) $Z = 4,20$ €; $K = 21,00$ €; $i = 5$ a

e) $Z = 5,76$ €; $K = 32,00$ €; $i = 3$ a

f) $Z = 5,39$ €; $K = 11,00$ €; $i = 7$ a

g) $Z = 3,36$ €; $K = 8,00$ €; $i = 6$ a

h) $Z = 18,90$ €; $K = 42,00$ €; $i = 9$ a

i) $Z = 3,68$ €; $K = 23,00$ €; $i = 8$ a

j) $Z = 15,96$ €; $K = 38,00$ €; $i = 6$ a

20. Berechne den Zinssatz p:

a) Z = 216,00 €; K = 900,00 €; i = 3 a

b) Z = 1.698,30 €; K = 6.290,00 €; i = 3 a

c) Z = 2.003,40 €; K = 3.710,00 €; i = 6 a

d) Z = 637,00 €; K = 1.820,00 €; i = 7 a

e) Z = 46,80 €; K = 780,00 €; i = 2 a

f) Z = 398,40 €; K = 3.320,00 €; i = 4 a

g) Z = 129,00 €; K = 860,00 €; i = 5 a

h) Z = 1.516,80 €; K = 6.320,00 €; i = 6 a

i) Z = 60,00 €; K = 1.000,00 €; i = 3 a

j) Z = 442,80 €; K = 1.230,00 €; i = 4 a

21. Berechne den Zinssatz p:

a) Z = 302.280,00 €; K = 755.700,00 €; i = 8 a

b) Z = 50.652,00 €; K = 120.600,00 €; i = 7 a

c) Z = 253.836,00 €; K = 384.600,00 €; i = 11 a

d) Z = 578.754,00 €; K = 584.600,00 €; i = 11 a

e) Z = 117.912,00 €; K = 491.300,00 €; i = 4 a

f) Z = 109.578,00 €; K = 260.900,00 €; i = 7 a

g) Z = 116.208,00 €; K = 215.200,00 €; i = 6 a

h) Z = 55.116,00 €; K = 153.100,00 €; i = 6 a

i) Z = 283.844,00 €; K = 645.100,00 €; i = 11 a

j) Z = 198.288,00 €; K = 244.800,00 €; i = 9 a

22. Berechne den Zinssatz p:

a) Z = 1.883,00 €; K = 2.690,00 €; i = 14 a

b) Z = 6.888,00 €; K = 4.100,00 €; i = 24 a

c) Z = 10.940,00 €; K = 5.470,00 €; i = 25 a

d) Z = 4.860,00 €; K = 6.480,00 €; i = 25 a

e) Z = 7.599,20 €; K = 4.130,00 €; i = 23 a

f) Z = 3.560,00 €; K = 3.560,00 €; i = 20 a

g) Z = 3.328,00 €; K = 2.080,00 €; i = 20 a

mathetreff-online

h) $Z = 3.249,90$ €; $K = 1.570,00$ €; $i = 23$ a

i) $Z = 4.050,00$ €; $K = 4.500,00$ €; $i = 18$ a

j) $Z = 2.986,80$ €; $K = 2.620,00$ €; $i = 19$ a

23. Berechne den Zinssatz p:

a) $Z = 5.913,60$ €; $K = 7.040,00$ €; $i = 6$ a

b) $Z = 2.726,40$ €; $K = 5.680,00$ €; $i = 3$ a

c) $Z = 1.250,00$ €; $K = 1.250,00$ €; $i = 5$ a

d) $Z = 7.376,40$ €; $K = 6.830,00$ €; $i = 6$ a

e) $Z = 4.513,50$ €; $K = 2.950,00$ €; $i = 9$ a

f) $Z = 6.308,00$ €; $K = 6.640,00$ €; $i = 5$ a

g) $Z = 11.263,20$ €; $K = 7.410,00$ €; $i = 8$ a

h) $Z = 2.230,40$ €; $K = 1.640,00$ €; $i = 8$ a

i) $Z = 18.139,50$ €; $K = 6.950,00$ €; $i = 9$ a

j) $Z = 4.009,60$ €; $K = 7.160,00$ €; $i = 4$ a

24. Berechne den Zinssatz p:

a) $Z = 1.385,04$ €; $K = 1.990,00$ €; $i = 8$ a

b) $Z = 318,20$ €; $K = 4.300,00$ €; $i = 2$ a

c) $Z = 2.558,52$ €; $K = 2.760,00$ €; $i = 9$ a

d) $Z = 3.168,34$ €; $K = 7.420,00$ €; $i = 7$ a

e) $Z = 2.149,12$ €; $K = 2.920,00$ €; $i = 8$ a

f) $Z = 264,00$ €; $K = 4.000,00$ €; $i = 2$ a

g) $Z = 2.737,62$ €; $K = 6.810,00$ €; $i = 6$ a

h) $Z = 270,30$ €; $K = 1.060,00$ €; $i = 3$ a

i) $Z = 1.053,64$ €; $K = 1.420,00$ €; $i = 7$ a

j) $Z = 910,14$ €; $K = 3.940,00$ €; $i = 7$ a

Übungen zu „Monatszins"

→ die Lösungen stehen ab Seite 66

25. Berechne die Zinsen Z:

a) $K = 688,00$ €; $i = 6$ m; $p = 8$ %

b) $K = 100,00$ €; $i = 8$ m; $p = 3$ %

c) $K = 606,00$ €; $i = 5$ m; $p = 2$ %

d) $K = 130,00$ €; $i = 9$ m; $p = 2$ %

e) $K = 132,00$ €; $i = 3$ m; $p = 2$ %

f) $K = 576,00$ €; $i = 11$ m; $p = 3$ %

g) $K = 536,00$ €; $i = 11$ m; $p = 9$ %

h) $K = 585,00$ €; $i = 4$ m; $p = 7$ %

i) $K = 524,00$ €; $i = 3$ m; $p = 6$ %

j) $K = 129,00$ €; $i = 9$ m; $p = 4$ %

26. Berechne die Zinsen Z:

a) $K = 6.200,00$ €; $i = 3$ m; $p = 9$ %

b) $K = 11.400,00$ €; $i = 7$ m; $p = 4$ %

c) $K = 11.950,00$ €; $i = 4$ m; $p = 3$ %

d) $K = 14.500,00$ €; $i = 5$ m; $p = 9$ %

e) $K = 6.600,00$ €; $i = 10$ m; $p = 9$ %

f) $K = 4.470,00$ €; $i = 8$ m; $p = 6$ %

g) $K = 17.600,00$ €; $i = 3$ m; $p = 7$ %

h) $K = 18.100,00$ €; $i = 3$ m; $p = 2$ %

i) $K = 15.850,00$ €; $i = 11$ m; $p = 6$ %

j) $K = 3.480,00$ €; $i = 2$ m; $p = 2$ %

27. Berechne das Kapital K:

a) $Z = 26,60$ €; $i = 5$ m; $p = 3$ %

b) $Z = 55,65$ €; $i = 7$ m; $p = 6$ %

c) $Z = 53,00$ €; $i = 8$ m; $p = 3$ %

d) $Z = 18,60$ €; $i = 4$ m; $p = 3$ %

e) $Z = 93,75$ €; $i = 10$ m; $p = 5$ %

f) $Z = 19,04$ €; $i = 8$ m; $p = 2$ %

g) $Z = 22,60$ €; $i = 5$ m; $p = 2$ %

h) $Z = 94,80$ €; $i = 8$ m; $p = 6$ %

i) $Z = 15,65$ €; $i = 2$ m; $p = 5$ %

j) $Z = 77,40$ €; $i = 8$ m; $p = 9$ %

28. Berechne das Kapital K:

a) $Z = 5.668,00$ €; $i = 10$ m; $p = 5$ %

b) $Z = 556,70$ €; $i = 2$ m; $p = 2$ %

c) $Z = 2.712,50$ €; $i = 3$ m; $p = 5$ %

d) $Z = 6.800,00$ €; $i = 8$ m; $p = 6$ %

e) $Z = 1.645,00$ €; $i = 2$ m; $p = 7$ %

f) $Z = 6.766,67$ €; $i = 10$ m; $p = 4$ %

g) $Z = 1.165,00$ €; $i = 3$ m; $p = 2$ %

h) $Z = 2.008,20$ €; $i = 2$ m; $p = 5$ %

i) $Z = 7.950,00$ €; $i = 5$ m; $p = 9$ %

j) $Z = 2.824,00$ €; $i = 2$ m; $p = 8$ %

29. Berechne die Zeitdauer i:

a) $Z = 74,90$ €; $K = 2.140,00$ €; $p = 6\%$ b) $Z = 71,20$ €; $K = 1.780,00$ €; $p = 6\%$

c) $Z = 34,63$ €; $K = 2.770,00$ €; $p = 3\%$ d) $Z = 15,20$ €; $K = 2.280,00$ €; $p = 2\%$

e) $Z = 42,08$ €; $K = 1.010,00$ €; $p = 5\%$ f) $Z = 101,67$ €; $K = 2.440,00$ €; $p = 5\%$

g) $Z = 62,77$ €; $K = 2.790,00$ €; $p = 3\%$ h) $Z = 53,38$ €; $K = 1.830,00$ €; $p = 5\%$

i) $Z = 18,80$ €; $K = 1.880,00$ €; $p = 4\%$ j) $Z = 92,27$ €; $K = 1.730,00$ €; $p = 8\%$

30. Berechne den Zinssatz p:

a) $Z = 53,33$ €; $K = 2.560,00$ €; $i = 5$ a   b) $Z = 51,20$ €; $K = 1.280,00$ €; $i = 3$ a

c) $Z = 60,40$ €; $K = 1.510,00$ €; $i = 4$ a   d) $Z = 77,00$ €; $K = 2.100,00$ €; $i = 11$ a

e) $Z = 82,42$ €; $K = 1.570,00$ €; $i = 9$ a   f) $Z = 119,63$ €; $K = 2.610,00$ €; $i = 5$ a

g) $Z = 69,00$ €; $K = 1.150,00$ €; $i = 6$ a   h) $Z = 55,42$ €; $K = 2.660,00$ €; $i = 5$ a

i) $Z = 24,98$ €; $K = 1.110,00$ €; $i = 9$ a   j) $Z = 149,33$ €; $K = 2.800,00$ €; $i = 8$ a

31. Berechne den Zinssatz p:

a) $Z = 22,24$ €; $K = 2.780,00$ €; $i = 4$ a   b) $Z = 58,52$ €; $K = 1.320,00$ €; $i = 7$ a

c) $Z = 47,88$ €; $K = 1.330,00$ €; $i = 9$ a   d) $Z = 16,15$ €; $K = 1.700,00$ €; $i = 3$ a

e) $Z = 36,38$ €; $K = 1.070,00$ €; $i = 8$ a   f) $Z = 115,83$ €; $K = 1.560,00$ €; $i = 11$ a

g) $Z = 81,76$ €; $K = 1.680,00$ €; $i = 8$ a   h) $Z = 175,78$ €; $K = 2.670,00$ €; $i = 10$ a

i) $Z = 49,81$ €; $K = 2.430,00$ €; $i = 6$ a   j) $Z = 83,88$ €; $K = 2.750,00$ €; $i = 6$ a

Übungen zu „Tageszins"

→ die Lösungen stehen ab Seite 68

32. Berechne die Zinsen Z:

a) $K = 570,00$ €; $i = 106$ d; $p = 9\%$ b) $K = 450,00$ €; $i = 75$ d; $p = 4\%$

c) $K = 600,00$ €; $i = 285$ d; $p = 9\%$ d) $K = 150,00$ €; $i = 252$ d; $p = 3\%$

e) $K = 460,00$ €; $i = 301$ d; $p = 5\%$ f) $K = 650,00$ €; $i = 299$ d; $p = 4\%$

g) $K = 390,00$ €; $i = 185$ d; $p = 6\%$ h) $K = 660,00$ €; $i = 282$ d; $p = 2\%$

i) $K = 800,00$ €; $i = 115$ d; $p = 8\%$ j) $K = 710,00$ €; $i = 234$ d; $p = 7\%$

33. Berechne die Zinsen Z:

a) $K = 21.700,00$ €; $i = 81$ d; $p = 6$ %   b) $K = 5.500,00$ €; $i = 290$ d; $p = 5$ %

c) $K = 32.900,00$ €; $i = 229$ d; $p = 2$ %   d) $K = 10.000,00$ €; $i = 57$ d; $p = 7$ %

e) $K = 50.900,00$ €; $i = 261$ d; $p = 8$ %   f) $K = 63.100,00$ €; $i = 73$ d; $p = 5$ %

g) $K = 55.000,00$ €; $i = 251$ d; $p = 10$ % h) $K = 10.800,00$ €; $i = 117$ d; $p = 10$ %

i) $K = 58.200,00$ €; $i = 222$ d; $p = 4$ %   j) $K = 54.200,00$ €; $i = 129$ d; $p = 8$ %

34. Berechne das Kapital K:

a) $Z = 3,33$ €; $i = 48$ d; $p = 2$ %   b) $Z = 30,28$ €; $i = 69$ d; $p = 10$ %

c) $Z = 0,99$ €; $i = 6$ d; $p = 5$ %   d) $Z = 15,34$ €; $i = 58$ d; $p = 8$ %

e) $Z = 20,06$ €; $i = 233$ d; $p = 2$ %   f) $Z = 37,18$ €; $i = 264$ d; $p = 3$ %

g) $Z = 3,10$ €; $i = 33$ d; $p = 2$ %   h) $Z = 55,81$ €; $i = 254$ d; $p = 7$ %

i) $Z = 13,25$ €; $i = 48$ d; $p = 7$ %   j) $Z = 19,50$ €; $i = 151$ d; $p = 3$ %

35. Berechne das Kapital K:

a) $Z = 2.514,92$ €; $i = 206$ d; $p = 3$ %   b) $Z = 3.859,43$ €; $i = 153$ d; $p = 9$ %

c) $Z = 4.664,21$ €; $i = 271$ d; $p = 4$ %   d) $Z = 3.001,20$ €; $i = 244$ d; $p = 3$ %

e) $Z = 8.238,22$ €; $i = 256$ d; $p = 7$ %   f) $Z = 1.104,89$ €; $i = 47$ d; $p = 7$ %

g) $Z = 3.212,10$ €; $i = 86$ d; $p = 9$ %   h) $Z = 6.230,16$ €; $i = 242$ d; $p = 7$ %

i) $Z = 6.597,50$ €; $i = 175$ d; $p = 9$ %   j) $Z = 1.852,72$ €; $i = 221$ d; $p = 3$ %

36. Berechne die Zeitdauer i:

a) $Z = 419,88$ €; $K = 82.150,00$ €; $p = 4$ %

b) $Z = 2.626,53$ €; $K = 120.760,00$ €; $p = 3$ %

c) $Z = 3.821,65$ €; $K = 109.190,00$ €; $p = 6$ %

d) $Z = 3.166,25$ €; $K = 126.650,00$ €; $p = 15$ %

e) $Z = 12.462,84$ €; $K = 117.790,00$ €; $p = 13$ %

f) $Z = 4.913,70$ €; $K = 74.450,00$ €; $p = 11$ %

g) $Z = 3.935,54$ €; $K = 133.660,00$ €; $p = 10$ %

h) $Z = 1.441,41$ €; $K = 125.340,00$ €; $p = 6$ %

i) $Z = 5.625,69$ €; $K = 81.010,00$ €; $p = 10$ %

j) $Z = 9.827,30$ €; $K = 120.910,00$ €; $p = 14$ %

37. Berechne den Zinssatz p:

a) $Z = 234,42$ €; $K = 13.700,00$ €; $i = 44$ d

b) $Z = 102,71$ €; $K = 9.860,00$ €; $i = 125$ d

c) $Z = 110,23$ €; $K = 11.210,00$ €; $i = 118$ d

d) $Z = 431,68$ €; $K = 8.520,00$ €; $i = 228$ d

e) $Z = 951,25$ €; $K = 13.440,00$ €; $i = 196$ d

f) $Z = 1.145,54$ €; $K = 10.790,00$ €; $i = 294$ d

g) $Z = 151,82$ €; $K = 12.200,00$ €; $i = 224$ d

h) $Z = 682,66$ €; $K = 9.380,00$ €; $i = 262$ d

i) $Z = 189,81$ €; $K = 13.090,00$ €; $i = 87$ d

j) $Z = 532,00$ €; $K = 9.000,00$ €; $i = 152$ d

38. Berechne den Zinssatz p:

a) $Z = 10,54$ €; $K = 730,00$ €; $i = 208$ d   b) $Z = 10,00$ €; $K = 1.170,00$ €; $i = 181$ d

c) $Z = 5,55$ €; $K = 840,00$ €; $i = 119$ d   d) $Z = 49,63$ €; $K = 1.290,00$ €; $i = 243$ d

e) $Z = 11,59$ €; $K = 710,00$ €; $i = 226$ d   f) $Z = 4,25$ €; $K = 1.200,00$ €; $i = 91$ d

g) $Z = 43,19$ €; $K = 880,00$ €; $i = 285$ d   h) $Z = 2,19$ €; $K = 920,00$ €; $i = 39$ d

i) $Z = 3,33$ €; $K = 1.000,00$ €; $i = 57$ d   j) $Z = 38,14$ €; $K = 1.350,00$ €; $i = 226$ d

Übungen zu „Zinseszins"

→ die Lösungen stehen ab Seite 71

39. Berechne das Endkapital K_n:

a) $K_0 = 300,00$ €; $n = 9$ a; $p = 2\%$ b) $K_0 = 440,00$ €; $n = 5$ a; $p = 6\%$

c) $K_0 = 290,00$ €; $n = 9$ a; $p = 7\%$ d) $K_0 = 810,00$ €; $n = 4$ a; $p = 9\%$

e) $K_0 = 320,00$ €; $n = 5$ a; $p = 5\%$ f) $K_0 = 590,00$ €; $n = 2$ a; $p = 6\%$

g) $K_0 = 290,00$ €; $n = 4$ a; $p = 7\%$ h) $K_0 = 890,00$ €; $n = 4$ a; $p = 9\%$

i) $K_0 = 840,00$ €; $n = 2$ a; $p = 9\%$ j) $K_0 = 760,00$ €; $n = 7$ a; $p = 8\%$

40. Berechne das Endkapital K_n:

a) $K_0 = 8.400,00$ €; $n = 2$ a; $p = 8$ %
b) $K_0 = 6.700,00$ €; $n = 8$ a; $p = 5$ %
c) $K_0 = 1.600,00$ €; $n = 10$ a; $p = 6$ %
d) $K_0 = 1.400,00$ €; $n = 12$ a; $p = 4$ %
e) $K_0 = 3.600,00$ €; $n = 14$ a; $p = 4$ %
f) $K_0 = 8.100,00$ €; $n = 4$ a; $p = 5$ %
g) $K_0 = 6.600,00$ €; $n = 12$ a; $p = 3$ %
h) $K_0 = 2.000,00$ €; $n = 13$ a; $p = 3$ %
i) $K_0 = 5.600,00$ €; $n = 10$ a; $p = 5$ %
j) $K_0 = 5.600,00$ €; $n = 6$ a; $p = 9$ %

41. Berechne das Endkapital K_n:

a) $K_0 = 32.100,00$ €; $n = 3$ a; $p = 5$ %
b) $K_0 = 24.000,00$ €; $n = 9$ a; $p = 7$ %
c) $K_0 = 36.900,00$ €; $n = 7$ a; $p = 5$ %
d) $K_0 = 76.400,00$ €; $n = 5$ a; $p = 2$ %
e) $K_0 = 22.900,00$ €; $n = 6$ a; $p = 6$ %
f) $K_0 = 47.300,00$ €; $n = 3$ a; $p = 3$ %
g) $K_0 = 51.600,00$ €; $n = 4$ a; $p = 2$ %
h) $K_0 = 81.000,00$ €; $n = 9$ a; $p = 5$ %
i) $K_0 = 70.800,00$ €; $n = 8$ a; $p = 2$ %
j) $K_0 = 13.100,00$ €; $n = 6$ a; $p = 5$ %

42. Berechne das Endkapital K_n:

a) $K_0 = 138.000,00$ €; $n = 4$ a; $p = 2$ %
b) $K_0 = 140.000,00$ €; $n = 9$ a; $p = 5$ %
c) $K_0 = 300.000,00$ €; $n = 2$ a; $p = 4$ %
d) $K_0 = 405.000,00$ €; $n = 3$ a; $p = 5$ %
e) $K_0 = 842.000,00$ €; $n = 7$ a; $p = 2$ %
f) $K_0 = 365.000,00$ €; $n = 9$ a; $p = 5$ %
g) $K_0 = 866.000,00$ €; $n = 6$ a; $p = 7$ %
h) $K_0 = 870.000,00$ €; $n = 9$ a; $p = 2$ %
i) $K_0 = 831.000,00$ €; $n = 2$ a; $p = 8$ %
j) $K_0 = 727.000,00$ €; $n = 2$ a; $p = 5$ %

43. Berechne das Endkapital K_n:

a) $K_0 = 2.300,00$ €; $n = 5$ a; $p = 6,9$ %
b) $K_0 = 3.000,00$ €; $n = 3$ a; $p = 5,4$ %
c) $K_0 = 7.300,00$ €; $n = 5$ a; $p = 4,6$ %
d) $K_0 = 6.300,00$ €; $n = 8$ a; $p = 8,3$ %
e) $K_0 = 1.100,00$ €; $n = 8$ a; $p = 6,6$ %
f) $K_0 = 4.500,00$ €; $n = 6$ a; $p = 9,0$ %
g) $K_0 = 5.600,00$ €; $n = 3$ a; $p = 2,2$ %
h) $K_0 = 2.900,00$ €; $n = 2$ a; $p = 1,9$ %
i) $K_0 = 2.800,00$ €; $n = 5$ a; $p = 9,3$ %
j) $K_0 = 4.600,00$ €; $n = 2$ a; $p = 4,1$ %

44. Berechne das Anfangskapital K_0:

a) $K_n = 6.955,64$ €; $n = 5$ a; $p = 3\%$ b) $K_n = 4.000,42$ €; $n = 5$ a; $p = 9\%$

c) $K_n = 6.547,51$ €; $n = 7$ a; $p = 2\%$ d) $K_n = 7.494,96$ €; $n = 7$ a; $p = 9\%$

e) $K_n = 2.584,93$ €; $n = 4$ a; $p = 8\%$ f) $K_n = 7.376,30$ €; $n = 6$ a; $p = 6\%$

g) $K_n = 3.801,92$ €; $n = 2$ a; $p = 9\%$ h) $K_n = 2.550,40$ €; $n = 5$ a; $p = 3\%$

i) $K_n = 3.107,24$ €; $n = 9$ a; $p = 2\%$ j) $K_n = 3.160,32$ €; $n = 4$ a; $p = 5\%$

45. Berechne das Anfangskapital K_0:

a) $K_n = 71.460,42$ €; $n = 10$ a; $p = 8\%$ b) $K_n = 37.127,42$ €; $n = 4$ a; $p = 2\%$

c) $K_n = 26.387,53$ €; $n = 5$ a; $p = 2\%$ d) $K_n = 20.223,13$ €; $n = 7$ a; $p = 8\%$

e) $K_n = 54.626,58$ €; $n = 6$ a; $p = 7\%$ f) $K_n = 55.541,05$ €; $n = 5$ a; $p = 7\%$

g) $K_n = 69.626,96$ €; $n = 11$ a; $p = 3\%$ h) $K_n = 111.510,39$ €; $n = 7$ a; $p = 9\%$

i) $K_n = 64.843,56$ €; $n = 9$ a; $p = 10\%$ j) $K_n = 18.613,30$ €; $n = 4$ a; $p = 7\%$

46. Berechne das Anfangskapital K_0:

a) $K_n = 61.921,92$ €; $n = 24$ a; $p = 5\%$ b) $K_n = 169.794,31$ €; $n = 22$ a; $p = 9\%$

c) $K_n = 54.481,17$ €; $n = 11$ a; $p = 6\%$ d) $K_n = 25.400,99$ €; $n = 11$ a; $p = 4\%$

e) $K_n = 131.905,09$ €; $n = 20$ a; $p = 8\%$ f) $K_n = 42.824,28$ €; $n = 15$ a; $p = 8\%$

g) $K_n = 67.491,17$ €; $n = 21$ a; $p = 7\%$ h) $K_n = 68.518,85$ €; $n = 16$ a; $p = 8\%$

i) $K_n = 23.474,64$ €; $n = 16$ a; $p = 2\%$ j) $K_n = 33.775,31$ €; $n = 11$ a; $p = 3\%$

47. Berechne das Anfangskapital K_0:

a) $K_n = 9.593,65$ €; $n = 5$ a; $p = 3,7\%$ b) $K_n = 9.860,86$ €; $n = 3$ a; $p = 12,1\%$

c) $K_n = 4.202,41$ €; $n = 9$ a; $p = 8,6\%$ d) $K_n = 12.028,70$ €; $n = 9$ a; $p = 6,2\%$

e) $K_n = 4.413,49$ €; $n = 8$ a; $p = 10,4\%$ f) $K_n = 11.481,99$ €; $n = 3$ a; $p = 12,8\%$

g) $K_n = 9.433,59$ €; $n = 8$ a; $p = 3,8\%$ h) $K_n = 3.974,56$ €; $n = 6$ a; $p = 4,8\%$

i) $K_n = 3.186,83$ €; $n = 3$ a; $p = 16,8\%$ j) $K_n = 3.588,08$ €; $n = 5$ a; $p = 12,4\%$

48. Berechne den Zinssatz p:

a) K_0 = 710,00 €; K_n = 930,67 €; n = 4 a

b) K_0 = 320,00 €; K_n = 468,51 €; n = 4 a

c) K_0 = 400,00 €; K_n = 1.063,38 €; n = 8 a

d) K_0 = 630,00 €; K_n = 804,45 €; n = 2 a

e) K_0 = 260,00 €; K_n = 574,78 €; n = 7 a

f) K_0 = 760,00 €; K_n = 1.072,80 €; n = 4 a

g) K_0 = 340,00 €; K_n = 389,27 €; n = 2 a

h) K_0 = 640,00 €; K_n = 1.505,67 €; n = 7 a

i) K_0 = 400,00 €; K_n = 857,44 €; n = 8 a

j) K_0 = 160,00 €; K_n = 240,12 €; n = 6 a

49. Berechne den Zinssatz p:

a) K_0 = 2.300,00 €; K_n = 4.228,46 €; n = 9 a

b) K_0 = 2.200,00 €; K_n = 4.573,64 €; n = 15 a

c) K_0 = 7.300,00 €; K_n = 10.104,91 €; n = 11 a

d) K_0 = 2.400,00 €; K_n = 2.868,22 €; n = 9 a

e) K_0 = 1.700,00 €; K_n = 2.113,74 €; n = 11 a

f) K_0 = 5.000,00 €; K_n = 5.743,43 €; n = 7 a

g) K_0 = 7.800,00 €; K_n = 9.289,92 €; n = 3 a

h) K_0 = 6.800,00 €; K_n = 10.919,31 €; n = 7 a

i) K_0 = 5.300,00 €; K_n = 6.691,13 €; n = 4 a

j) K_0 = 1.800,00 €; K_n = 3.839,27 €; n = 13 a

50. Berechne den Zinssatz p:

a) K_0 = 637.000,00 €; K_n = 1.383.496,02 €; n = 9 a

b) K_0 = 712.000,00 €; K_n = 1.301.563,85 €; n = 7 a

c) K_0 = 813.000,00 €; K_n = 1.765.749,24 €; n = 9 a

d) K_0 = 669.000,00 €; K_n = 774.451,13 €; n = 3 a

e) K_0 = 296.000,00 €; K_n = 326.340,00 €; n = 2 a

f) K_0 = 132.000,00 €; K_n = 166.281,98 €; n = 3 a

g) K_0 = 419.000,00 €; K_n = 718.092,37 €; n = 7 a

h) $K_0 = 271.000,00$ €; $K_n = 353.593,53$ €; $n = 9$ a

i) $K_0 = 201.000,00$ €; $K_n = 256.532,59$ €; $n = 5$ a

j) $K_0 = 238.000,00$ €; $K_n = 277.603,20$ €; $n = 2$ a

51. Berechne den Zinssatz p:

a) $K_0 = 56.300,00$ €; $K_n = 93.593,67$ €; $n = 5$ a

b) $K_0 = 39.900,00$ €; $K_n = 48.016,02$ €; $n = 2$ a

c) $K_0 = 80.000,00$ €; $K_n = 238.416,04$ €; $n = 9$ a

d) $K_0 = 27.000,00$ €; $K_n = 50.315,86$ €; $n = 7$ a

e) $K_0 = 15.700,00$ €; $K_n = 20.502,67$ €; $n = 4$ a

f) $K_0 = 38.800,00$ €; $K_n = 57.637,88$ €; $n = 4$ a

g) $K_0 = 33.000,00$ €; $K_n = 57.293,42$ €; $n = 7$ a

h) $K_0 = 87.300,00$ €; $K_n = 130.857,74$ €; $n = 9$ a

i) $K_0 = 17.800,00$ €; $K_n = 18.817,93$ €; $n = 4$ a

j) $K_0 = 61.000,00$ €; $K_n = 139.122,54$ €; $n = 7$ a

Textaufgaben

→ die Lösungen stehen ab Seite 80

52. Löse die Textaufgaben zur einfachen Zinsrechnung:

a) Bei einer Verzinsung von 5,5 % wird ein Kapital von 13.500 € für ein Jahr ange-legt. Berechne die Jahreszinsen.

b) Nadine bekommt von ihrem Onkel 1.500 € geschenkt. Die Sparkasse bietet einen Zinssatz von 2,2 %. Wie viel Zinsen gibt es nach einem ¾ Jahr?

c) Familie Hauke bezahlt für die Hypothek ihres Hauses bei einem Zinssatz von 8,5 % monatlich 637,50 € Zinsen. Wie hoch ist die Hypothek?

d) Herr Schmidt kauft ein Auto zum Preis von 13.750 € und lässt diese Summe vom Autohändler finanzieren. In einem Jahr hat er 15.331,25 € gezahlt. Wie hoch war der Zinssatz?

e) Julia spart für ein E-Bike. Sie hat bereits 1.610 € auf dem Sparkonto. Wie viel Zinsen erhält sie nach einem Jahr bei einem Zinssatz von 3,2 %?

f) Maria hat 3.600 € auf ein Konto bei einer Verzinsung von 4,6 % angelegt. Wie viel Zinsen erhält sie nach 240 Tagen?

g) Tanja bekam von ihrem Großvater ein Sparbuch geschenkt. Nach einem Jahr werden ihr 100,75 € Zinsen bei einem Zinssatz von 3,1 % gutgeschrieben. Wie viel war zu Beginn des Jahres auf dem Sparbuch?

h) Martina legt 4.500 € bei einer Verzinsung von 6,3 % für 8 Monate an. Wie hoch sind die Zinsen?

i) Für eine Spareinlage, die für 3,5 % verzinst wurde, fallen nach einem Jahr 647,50 € Zinsen an. Wie hoch war die Spareinlage?

j) Für ein Darlehn von 33.000 € mussten bei einem Zinssatz von 8 % insgesamt 9.240 € an Zinsen gezahlt werden. Nach welcher Zeit wurde es abgelöst?

53. Löse die Textaufgaben zur Zinseszinsrechnung:

a) Bei der Geburt der kleinen Emma wurden 5.000 € zu einem Zinssatz von 7,5 % fest angelegt. Das Geld soll Emma nach Vollendung des 18. Lebensjahrs mit Zinseszinsen ausgezahlt bekommen. Auf welchen Betrag kann sie sich freuen?

b) Madlen möchte in 10 Jahren für den Kauf eines Autos 25.000 € zur Verfügung haben. Welchen Betrag muss sie jetzt anlegen, wenn die Bank einen Zinssatz von 5,13 % anbietet?

c) Welchen Zinssatz müsste eine Bank anbieten, damit sich ein Kapital in 12 Jahren verdoppelt?

d) Vor 12 Jahren hat Uwe 1.000 € angelegt. Nun löst er das Konto auf und erhält 1.808,21 € ausgezahlt. Wie hoch war der Zinssatz?

e) Ein Guthaben von 1.100 € wurde fünf Jahre verzinst. Das Guthaben beträgt nach der Verzinsung 1.332,54 €. Wie hoch war der Zinssatz?

f) Welchen Betrag muss man heute anlegen, um nach sieben Jahren über 18.000 € verfügen zu können, wenn der Zinssatz 4,21 % beträgt?

g) Ein Kapital wurde 30 Jahre lang mit 5,7 % verzinst. Wie hoch war das Kapital, wenn es in dieser Zeit auf 25.200 € angewachsen ist?

h) Michael kauft sich für 7.122,50 € ein gebrauchtes Wohnmobil, das in den letzten 4 Jahren jährlich 18 % an Wert verlor. Was hat das Wohnmobil vor 4 Jahren gekostet?

i) Vor sechs Jahren wurde ein Kapital von 42.000 € angelegt. Das heutige Kapital beträgt 61.630,05 €. Mit wie viel Prozent wurde das Kapital verzinst?

j) Tanjas Eltern benötigen einen Kredit von 60.000 € auf vier Jahre. Insgesamt bezahlen sie in den vier Jahren Zinsen im Wert von 14.894,72 €. Welchen Zinssatz verlangte die Bank?

 ## Lösungen

Die gezeigten Lösungen sind nur eine Variante – du kannst die Aufgaben auch anders lösen. Wichtig ist dabei nur, dass dein Ergebnis am Ende dem unserer Lösung entspricht.

Lösungen zu „Die Berechnung der Zinsen" (Seite 40)

1. Berechne die Zinsen Z:

a) $Z = \dfrac{41,00\,€ \cdot 2 \cdot 7}{100} = \dfrac{574,00\,€}{100} = 5,74\,€$

b) $Z = \dfrac{86,00\,€ \cdot 8 \cdot 4}{100} = \dfrac{2.752,00\,€}{100} = 27,52\,€$

c) $Z = \dfrac{54,00\,€ \cdot 3 \cdot 8}{100} = \dfrac{1.296,00\,€}{100} = 12,96\,€$

d) $Z = \dfrac{61,00\,€ \cdot 8 \cdot 5}{100} = \dfrac{2.440,00\,€}{100} = 24,40\,€$

e) $Z = \dfrac{35,00\,€ \cdot 4 \cdot 2}{100} = \dfrac{280,00\,€}{100} = 2,80\,€$

f) $Z = \dfrac{22,00\,€ \cdot 7 \cdot 7}{100} = \dfrac{1.078,00\,€}{100} = 10,78\,€$

g) $Z = \dfrac{37,00\,€ \cdot 6 \cdot 7}{100} = \dfrac{1.554,00\,€}{100} = 15,54\,€$

h) $Z = \dfrac{23,00\,€ \cdot 3 \cdot 5}{100} = \dfrac{345,00\,€}{100} = 3,45\,€$

i) $Z = \dfrac{22,00\,€ \cdot 4 \cdot 5}{100} = \dfrac{440,00\,€}{100} = 4,40\,€$

j) $Z = \dfrac{61,00\,€ \cdot 4 \cdot 5}{100} = \dfrac{1.220,00\,€}{100} = 12,20\,€$

2. Berechne die Zinsen Z:

a) $Z = \dfrac{1.360,00\,€ \cdot 7 \cdot 6}{100} = \dfrac{57.120,00\,€}{100} = 571,20\,€$

b) $Z = \dfrac{895,00\,€ \cdot 7 \cdot 6}{100} = \dfrac{37.590,00\,€}{100} = 375,90\,€$

c) $Z = \dfrac{1.335,00\,€ \cdot 4 \cdot 3}{100} = \dfrac{16.020,00\,€}{100} = 160,20\,€$

d) $Z = \dfrac{921,00\,€ \cdot 5 \cdot 9}{100} = \dfrac{41.445,00\,€}{100} = 414,45\,€$

e) $Z = \dfrac{1.400,00\,€ \cdot 4 \cdot 7}{100} = \dfrac{39.200,00\,€}{100} = 392,00\,€$

f) $Z = \dfrac{1.151,00\,€ \cdot 6 \cdot 4}{100} = \dfrac{27.624,00\,€}{100} = 276,24\,€$

g) $Z = \dfrac{902,00 \, € \cdot 3 \cdot 5}{100} = \dfrac{13.530,00 \, €}{100} = 135,30 \, €$

h) $Z = \dfrac{1.387,00 \, € \cdot 9 \cdot 6}{100} = \dfrac{74.898,00 \, €}{100} = 748,98 \, €$

i) $Z = \dfrac{1.083,00 \, € \cdot 3 \cdot 7}{100} = \dfrac{22.743,00 \, €}{100} = 227,43 \, €$

j) $Z = \dfrac{1.431,00 \, € \cdot 2 \cdot 6}{100} = \dfrac{17.172,00 \, €}{100} = 171,72 \, €$

3. Berechne die Zinsen Z:

a) $Z = \dfrac{127.500,00 \, € \cdot 8 \cdot 2}{100} = \dfrac{2.040.000,00 \, €}{100}$

  $Z = 20.400,00 \, €$

b) $Z = \dfrac{148.900,00 \, € \cdot 9 \cdot 5}{100} = \dfrac{6.700.500,00 \, €}{100}$

  $Z = 67.005,00 \, €$

c) $Z = \dfrac{134.700,00 \, € \cdot 8 \cdot 9}{100} = \dfrac{9.698.400,00 \, €}{100}$

  $Z = 96.984 \, €,00$

d) $Z = \dfrac{135.400,00 \, € \cdot 7 \cdot 2}{100} = \dfrac{1.895.600,00 \, €}{100}$

  $Z = 18.956,00 \, €$

e) $Z = \dfrac{85.600,00 \, € \cdot 3 \cdot 6}{100} = \dfrac{1.540.800,00 \, €}{100}$

  $Z = 15.408,00 \, €$

f) $Z = \dfrac{115.200,00 \, € \cdot 2 \cdot 5}{100} = \dfrac{1.152.000,00 \, €}{100}$

  $Z = 11.520,00 \, €$

g) $Z = \dfrac{144.300,00 \, € \cdot 8 \cdot 8}{100} = \dfrac{9.235.200,00 \, €}{100}$

  $K = 92.352,00 \, €$

h) $Z = \dfrac{74.100,00 \, € \cdot 6 \cdot 5}{100} = \dfrac{2.223.000,00 \, €}{100}$

  $Z = 22.230,00 \, €$

i) $Z = \dfrac{74.700,00 \, € \cdot 7 \cdot 4}{100} = \dfrac{2.091.600,00 \, €}{100}$

  $K = 20.916,00 \, €$

j) $Z = \dfrac{139.700,00 \, € \cdot 7 \cdot 2}{100} = \dfrac{1.955.800,00 \, €}{100}$

  $Z = 19.558,00 \, €$

4. Berechne die Zinsen Z:

a) $Z = \dfrac{8.850,00 \, € \cdot 12 \cdot 7}{100} = \dfrac{743.400,00 \, €}{100}$

  $Z = 7.434,00 \, €$

b) $Z = \dfrac{7.390,00 \, € \cdot 28 \cdot 6}{100} = \dfrac{1.241.520,00 \, €}{100}$

  $Z = 12.415,20 \, €$

c) $Z = \dfrac{12.990,00 \, € \cdot 23 \cdot 2}{100} = \dfrac{597.540,00 \, €}{100}$

  $Z = 5.975,40 \, €$

d) $Z = \dfrac{12.930,00 \, € \cdot 13 \cdot 4}{100} = \dfrac{672.360,00 \, €}{100}$

  $Z = 6.723,60 \, €$

e) $Z = \dfrac{9.340,00 \, € \cdot 15 \cdot 9}{100} = \dfrac{1.260.900,00 \, €}{100}$

  $Z = 12.609,00 \, €$

f) $Z = \dfrac{8.190,00 \, € \cdot 13 \cdot 8}{100} = \dfrac{851.760,00 \, €}{100}$

  $Z = 8.517,60 \, €$

g) $Z = \dfrac{14.100,00 \, € \cdot 20 \cdot 9}{100} = \dfrac{2.538.000,00 \, €}{100}$

  $Z = 25.380,00 \, €$

h) $Z = \dfrac{7.750,00 \, € \cdot 17 \cdot 5}{100} = \dfrac{658.750,00 \, €}{100}$

  $Z = 6.587,50 \, €$

i) $Z = \dfrac{8.420,00 \, € \cdot 25 \cdot 4}{100} = \dfrac{842.000,00 \, €}{100}$

  $Z = 8.420,00 \, €$

j) $Z = \dfrac{9.760,00 \, € \cdot 24 \cdot 9}{100} = \dfrac{2.108.160,00 \, €}{100}$

  $Z = 21.081,60 \, €$

mathetreff-online

5. Berechne die Zinsen Z:

a) $Z = \dfrac{1.330,00 \, € \cdot 6 \cdot 14}{100} = \dfrac{111.720,00 \, €}{100}$

$Z = 1.117,20 \, €$

b) $Z = \dfrac{1.450,00 \, € \cdot 2 \cdot 18}{100} = \dfrac{52.200,00 \, €}{100}$

$Z = 522,00 \, €$

c) $Z = \dfrac{750,00 \, € \cdot 6 \cdot 14}{100} = \dfrac{63.000,00 \, €}{100}$

$Z = 630,00 \, €$

d) $Z = \dfrac{830,00 \, € \cdot 9 \cdot 13}{100} = \dfrac{97.110,00 \, €}{100}$

$Z = 971,10 \, €$

e) $Z = \dfrac{1.120,00 \, € \cdot 7 \cdot 15}{100} = \dfrac{117.600,00 \, €}{100}$

$Z = 1.176,00 \, €$

f) $Z = \dfrac{1.330,00 \, € \cdot 4 \cdot 16}{100} = \dfrac{85.120,00 \, €}{100}$

$Z = 851,20 \, €$

g) $Z = \dfrac{1.050,00 \, € \cdot 3 \cdot 13}{100} = \dfrac{40.950,00 \, €}{100}$

$Z = 409,50 \, €$

h) $Z = \dfrac{1.100,00 \, € \cdot 5 \cdot 16}{100} = \dfrac{88.000,00 \, €}{100}$

$Z = 880,00 \, €$

i) $Z = \dfrac{1.210,00 \, € \cdot 2 \cdot 17}{100} = \dfrac{41.140,00 \, €}{100}$

$Z = 411,40 \, €$

j) $Z = \dfrac{890,00 \, € \cdot 8 \cdot 15}{100} = \dfrac{106.800,00 \, €}{100}$

$Z = 1.068,00 \, €$

6. Berechne die Zinsen Z:

a) $Z = \dfrac{1.480,00 \, € \cdot 4 \cdot 3,4}{100} = \dfrac{20.128,00 \, €}{100}$

$Z = 201,28 \, €$

b) $Z = \dfrac{1.320,00 \, € \cdot 2 \cdot 1,5}{100} = \dfrac{3.960,00 \, €}{100}$

$Z = 39,60 \, €$

c) $Z = \dfrac{740,00 \, € \cdot 9 \cdot 7,1}{100} = \dfrac{47.286,00 \, €}{100}$

$Z = 472,86 \, €$

d) $Z = \dfrac{1.060,00 \, € \cdot 9 \cdot 7,3}{100} = \dfrac{69.642,00 \, €}{100}$

$Z = 696,42 \, €$

e) $Z = \dfrac{1.100,00 \, € \cdot 7 \cdot 8,8}{100} = \dfrac{67.760,00 \, €}{100}$

$Z = 677,60 \, €$

f) $Z = \dfrac{1.470,00 \, € \cdot 2 \cdot 5,8}{100} = \dfrac{17.052,00 \, €}{100}$

$Z = 170,52 \, €$

g) $Z = \dfrac{1.080,00 \, € \cdot 4 \cdot 6,7}{100} = \dfrac{28.944,00 \, €}{100}$

$Z = 289,44 \, €$

h) $Z = \dfrac{1.030,00 \, € \cdot 5 \cdot 8,4}{100} = \dfrac{43.260,00 \, €}{100}$

$Z = 432,60 \, €$

i) $Z = \dfrac{730,00 \, € \cdot 4 \cdot 6,9}{100} = \dfrac{20.148,00 \, €}{100}$

$Z = 201,48 \, €$

j) $Z = \dfrac{1.140,00 \, € \cdot 9 \cdot 1,1}{100} = \dfrac{11.286,00 \, €}{100}$

$Z = 112,86 \, €$

Lösungen zu „Die Berechnung des Kapitals" (Seite 42)

7. Berechne das Kapital K:

a) $K = \dfrac{1,40 \, € \cdot 100}{7 \cdot 2} = \dfrac{140,00 \, €}{14} = 10,00 \, €$

b) $K = \dfrac{6,37 \, € \cdot 100}{7 \cdot 7} = \dfrac{637,00 \, €}{49} = 13,00 \, €$

c) $K = \dfrac{6,48 \, € \cdot 100}{9 \cdot 8} = \dfrac{648,00 \, €}{72} = 9,00 \, €$

d) $K = \dfrac{1,44 \, € \cdot 100}{4 \cdot 4} = \dfrac{144,00 \, €}{16} = 9,00 \, €$

e) $K = \dfrac{1,80 \, € \cdot 100}{5 \cdot 3} = \dfrac{180,00 \, €}{15} = 12,00 \, €$

f) $K = \dfrac{1,44 \, € \cdot 100}{2 \cdot 9} = \dfrac{144,00 \, €}{18} = 8,00 \, €$

8. Lösungen – Lösungen

g) $K = \dfrac{2,94 \, € \cdot 100}{3 \cdot 7} = \dfrac{294,00 \, €}{21} = 14,00 \, €$

h) $K = \dfrac{3,36 \, € \cdot 100}{3 \cdot 8} = \dfrac{336,00 \, €}{24} = 14,00 \, €$

i) $K = \dfrac{4,32 \, € \cdot 100}{6 \cdot 9} = \dfrac{432,00 \, €}{54} = 8,00 \, €$

j) $K = \dfrac{5,76 \, € \cdot 100}{8 \cdot 6} = \dfrac{576,00 \, €}{48} = 12,00 \, €$

8. Berechne das Kapital K:

a) $K = \dfrac{3.070,20 \, € \cdot 100}{7 \cdot 6} = \dfrac{307.020,00 \, €}{42}$
$K = 7.310,00 \, €$

b) $K = \dfrac{659,00 \, € \cdot 100}{2 \cdot 5} = \dfrac{65.900 \, €}{10}$
$K = 6.590 \, €$

c) $K = \dfrac{116,40 \, € \cdot 100}{3 \cdot 2} = \dfrac{11.640,00 \, €}{6}$
$K = 1.940,00 \, €$

d) $K = \dfrac{344,00 \, € \cdot 100}{5 \cdot 8} = \dfrac{34.400,00 \, €}{40}$
$K = 860,00 \, €$

e) $K = \dfrac{1.089,60 \, € \cdot 100}{8 \cdot 3} = \dfrac{108.960,00 \, €}{24}$
$K = 4.540,00 \, €$

f) $K = \dfrac{161,40 \, € \cdot 100}{2 \cdot 3} = \dfrac{16.140,00 \, €}{6}$
$K = 2.690,00 \, €$

g) $K = \dfrac{995,20 \, € \cdot 100}{2 \cdot 8} = \dfrac{99.520,00 \, €}{16}$
$K = 6.220,00 \, €$

h) $K = \dfrac{139,20 \, € \cdot 100}{4 \cdot 2} = \dfrac{13.920,00 \, €}{8}$
$K = 1.740,00 \, €$

i) $K = \dfrac{419,40 \, € \cdot 100}{9 \cdot 2} = \dfrac{41.940,00 \, €}{18}$
$K = 2.330,00 \, €$

j) $K = \dfrac{1.075,20 \, € \cdot 100}{4 \cdot 6} = \dfrac{107.520,00 \, €}{24}$
$K = 4.480,00 \, €$

9. Berechne das Kapital K:

a) $K = \dfrac{41.760,00 \, € \cdot 100}{4 \cdot 9} = \dfrac{4.176.000,00 \, €}{36}$
$K = 116.000,00 \, €$

b) $K = \dfrac{46.890,00 \, € \cdot 100}{9 \cdot 5} = \dfrac{4.689.000,00 \, €}{45}$
$K = 104.200,00 \, €$

c) $K = \dfrac{17.720,00 \, € \cdot 100}{4 \cdot 5} = \dfrac{1.772.000 \, €}{20}$
$K = 88.600 \, €$

d) $K = \dfrac{11.727,00 \, € \cdot 100}{3 \cdot 3} = \dfrac{1.172.700,00 \, €}{9}$
$K = 130.300,00 \, €$

e) $K = \dfrac{6.224,00 \, € \cdot 100}{4 \cdot 2} = \dfrac{622.400,00 \, €}{8}$
$K = 77.800,00 \, €$

f) $K = \dfrac{36.477,00 \, € \cdot 100}{9 \cdot 3} = \dfrac{3.647.700,00 \, €}{27}$
$K = 135.100,00 \, €$

g) $K = \dfrac{28.875,00 \, € \cdot 100}{3 \cdot 7} = \dfrac{2.887.500,00 \, €}{21}$
$K = 137.500,00 \, €$

h) $K = \dfrac{18.288,00 \, € \cdot 100}{3 \cdot 8} = \dfrac{1.828.800,00 \, €}{24}$
$K = 76.200,00 \, €$

i) $K = \dfrac{47.295,00 \, € \cdot 100}{9 \cdot 5} = \dfrac{4.729.500,00 \, €}{45}$
$K = 105.100,00 \, €$

j) $K = \dfrac{88.011,00 \, € \cdot 100}{9 \cdot 7} = \dfrac{8.801.100,00 \, €}{63}$
$K = 139.700,00 \, €$

mathetreff-online

10. Berechne das Kapital K:

a) $K = \dfrac{4.928,00\ € \cdot 100}{16 \cdot 7} = \dfrac{492.800,00\ €}{112}$

$K = 4.400,00\ €$

b) $K = \dfrac{819,00\ € \cdot 100}{13 \cdot 3} = \dfrac{81.900,00\ €}{39}$

$K = 2.100,00\ €$

c) $K = \dfrac{2.772,00\ € \cdot 100}{14 \cdot 9} = \dfrac{277.200,00\ €}{126}$

$K = 2.200,00\ €$

d) $K = \dfrac{1.120,00\ € \cdot 100}{20 \cdot 4} = \dfrac{112.000,00\ €}{80}$

$K = 1.400,00\ €$

e) $K = \dfrac{1.120,00\ € \cdot 100}{16 \cdot 7} = \dfrac{112.000,00\ €}{112}$

$K = 1.000,00\ €$

f) $K = \dfrac{3.024,00\ € \cdot 100}{18 \cdot 3} = \dfrac{302.400,00\ €}{54}$

$K = 5.600,00\ €$

g) $K = \dfrac{3.800,00\ € \cdot 100}{19 \cdot 4} = \dfrac{380.000,00\ €}{76}$

$K = 5.000,00\ €$

h) $K = \dfrac{2.688,00\ € \cdot 100}{24 \cdot 8} = \dfrac{268.800,00\ €}{192}$

$K = 1.400,00\ €$

i) $K = \dfrac{6.720,00\ € \cdot 100}{28 \cdot 6} = \dfrac{672.000,00\ €}{168}$

$K = 4.000,00\ €$

j) $K = \dfrac{660,00\ € \cdot 100}{15 \cdot 2} = \dfrac{66.000,00\ €}{30}$

$K = 2.200,00\ €$

11. Berechne das Kapital K:

a) $K = \dfrac{750,00\ € \cdot 100}{2 \cdot 15} = \dfrac{75.000,00\ €}{30}$

$K = 2.500,00\ €$

b) $K = \dfrac{4.752,00\ € \cdot 100}{4 \cdot 22} = \dfrac{475.200,00\ €}{88}$

$K = 5.400,00\ €$

c) $K = \dfrac{4.212,00\ € \cdot 100}{3 \cdot 26} = \dfrac{421.200,00\ €}{78}$

$K = 5.400,00\ €$

d) $K = \dfrac{4.602,00\ € \cdot 100}{6 \cdot 13} = \dfrac{460.200,00\ €}{78}$

$K = 5.900,00\ €$

e) $K = \dfrac{10.692,00\ € \cdot 100}{9 \cdot 22} = \dfrac{1.069.200,00\ €}{198}$

$K = 5.400,00\ €$

f) $K = \dfrac{4.144,00\ € \cdot 100}{8 \cdot 14} = \dfrac{414.400,00\ €}{112}$

$K = 3.700,00\ €$

g) $K = \dfrac{8.056,00\ € \cdot 100}{8 \cdot 19} = \dfrac{805.600,00\ €}{152}$

$K = 5.300,00\ €$

h) $K = \dfrac{4.128,00\ € \cdot 100}{4 \cdot 24} = \dfrac{412.800,00\ €}{96}$

$K = 4.300,00\ €$

i) $K = \dfrac{4.374,00\ € \cdot 100}{9 \cdot 18} = \dfrac{437.400,00\ €}{162}$

$K = 2.700,00\ €$

j) $K = \dfrac{8.960,00\ € \cdot 100}{5 \cdot 28} = \dfrac{896.000,00\ €}{140}$

$K = 6.400,00\ €$

12. Berechne das Kapital K:

a) $K = \dfrac{842,40\ € \cdot 100}{8 \cdot 2,7} = \dfrac{84.240,00\ €}{21,6}$

$K = 3.900,00\ €$

b) $K = \dfrac{1.968,40\ € \cdot 100}{7 \cdot 3,7} = \dfrac{196.840,00\ €}{25,9}$

$K = 7.600,00\ €$

c) $K = \dfrac{1.009,20\ € \cdot 100}{3 \cdot 5,8} = \dfrac{100.920,00\ €}{17,4}$

$K = 5.800,00\ €$

d) $K = \dfrac{1.254,00\ € \cdot 100}{4 \cdot 5,7} = \dfrac{125.400,00\ €}{22,8}$

$K = 5.500,00\ €$

e) $K = \dfrac{617,40\ € \cdot 100}{9 \cdot 1,4} = \dfrac{61.740,00\ €}{12,6}$

$K = 4.900,00\ €$

f) $K = \dfrac{715,00\ € \cdot 100}{5 \cdot 5,5} = \dfrac{71.500,00\ €}{27,5}$

$K = 2.600,00\ €$

g) $K = \dfrac{453,60\ €\cdot 100}{6\cdot 1,8} = \dfrac{45.360,00\ €}{10,8}$

$K = 4.200,00\ €$

h) $K = \dfrac{146,30\ €\cdot 100}{7\cdot 1,1} = \dfrac{14.630,00\ €}{7,7}$

$K = 1.900,00\ €$

i) $K = \dfrac{573,30\ €\cdot 100}{3\cdot 3,9} = \dfrac{57.330,00\ €}{11,7}$

$K = 4.900,00\ €$

j) $K = \dfrac{529,20\ €\cdot 100}{2\cdot 4,2} = \dfrac{52.920,00\ €}{8,4}$

$K = 6.300,00\ €$

Lösungen zu „Die Berechnung der Zeitdauer" (Seite 43)

13. Berechne die Zeitdauer i:

a) $i = \dfrac{24,40\ €\cdot 100}{61,00\ €\cdot 5} = \dfrac{2.440,00\ €}{305,00\ €} = 8\ a$

b) $i = \dfrac{48,00\ €\cdot 100}{75,00\ €\cdot 8} = \dfrac{4.800,00\ €}{600,00\ €} = 8\ a$

c) $i = \dfrac{7,44\ €\cdot 100}{62,00\ €\cdot 3} = \dfrac{744,00\ €}{186,00\ €} = 4\ a$

d) $i = \dfrac{7,20\ €\cdot 100}{40,00\ €\cdot 3} = \dfrac{720,00\ €}{120,00\ €} = 6\ a$

e) $i = \dfrac{4,50\ €\cdot 100}{10,00\ €\cdot 9} = \dfrac{450,00\ €}{90,00\ €} = 5\ a$

f) $i = \dfrac{5,58\ €\cdot 100}{31,00\ €\cdot 6} = \dfrac{558,00\ €}{186,00\ €} = 3\ a$

g) $i = \dfrac{6,60\ €\cdot 100}{22,00\ €\cdot 6} = \dfrac{660,00\ €}{132,00\ €} = 5\ a$

h) $i = \dfrac{3,54\ €\cdot 100}{59,00\ €\cdot 2} = \dfrac{354,00\ €}{118,00\ €} = 3\ a$

i) $i = \dfrac{3,00\ €\cdot 100}{15,00\ €\cdot 5} = \dfrac{300,00\ €}{75,00\ €} = 4\ a$

j) $i = \dfrac{2,43\ €\cdot 100}{27,00\ €\cdot 3} = \dfrac{243,00\ €}{81,00\ €} = 3\ a$

14. Berechne die Zeitdauer i:

a) $i = \dfrac{1.237,50\ €\cdot 100}{4.950,00\ €\cdot 5} = \dfrac{123.750,00\ €}{24.750,00\ €} = 5\ a$

b) $i = \dfrac{92,40\ €\cdot 100}{1.540,00\ €\cdot 3} = \dfrac{9.240,00\ €}{4.620,00\ €} = 2\ a$

c) $i = \dfrac{268,80\ €\cdot 100}{1.680,00\ €\cdot 2} = \dfrac{26.880,00\ €}{3.360,00\ €} = 8\ a$

d) $i = \dfrac{794,50\ €\cdot 100}{2.270,00\ €\cdot 7} = \dfrac{79.450,00\ €}{15.890,00\ €} = 5\ a$

e) $i = \dfrac{777,60\ €\cdot 100}{6.480,00\ €\cdot 6} = \dfrac{77.760,00\ €}{38.880,00\ €} = 2\ a$

f) $i = \dfrac{63,20\ €\cdot 100}{1.580,00\ €\cdot 2} = \dfrac{6.320,00\ €}{3.160,00\ €} = 2\ a$

g) $i = \dfrac{648,20\ €\cdot 100}{4.630,00\ €\cdot 7} = \dfrac{64.820,00\ €}{32.410,00\ €} = 2\ a$

h) $i = \dfrac{154,50\ €\cdot 100}{1.030,00\ €\cdot 5} = \dfrac{15.450,00\ €}{5.150,00\ €} = 3\ a$

i) $i = \dfrac{399,00\ €\cdot 100}{1.330,00\ €\cdot 5} = \dfrac{39.900,00\ €}{6.650,00\ €} = 6\ a$

j) $i = \dfrac{708,40\ €\cdot 100}{2.530,00\ €\cdot 4} = \dfrac{70.840,00\ €}{10.120,00\ €} = 7\ a$

15. Berechne die Zeitdauer i:

a) $i = \dfrac{16.411,50\ €\cdot 100}{15.630,00\ €\cdot 7} = \dfrac{1.641.150,00\ €}{109.410,00\ €} = 15\ a$

a) $i = \dfrac{11.001,00\ €\cdot 100}{36.670,00\ €\cdot 3} = \dfrac{1.100.100,00\ €}{110.010,00\ €} = 10\ a$

b) $i = \dfrac{23.463,00\ €\cdot 100}{43.450,00\ €\cdot 9} = \dfrac{2.346.300,00\ €}{391.050,00\ €} = 6\ a$

c) $i = \dfrac{32.035,20\ €\cdot 100}{66.740,00\ €\cdot 4} = \dfrac{3.203.520,00\ €}{266.960,00\ €} = 12\ a$

d) $i = \dfrac{13.300,00\ €\cdot 100}{23.750,00\ €\cdot 4} = \dfrac{1.330.000,00\ €}{95.000,00\ €} = 14\ a$

e) $i = \dfrac{44.086,00\ €\cdot 100}{62.980,00\ €\cdot 7} = \dfrac{4.408.600,00\ €}{440.860,00\ €} = 10\ a$

f) $i = \dfrac{27.716,00\ €\cdot 100}{69.290,00\ €\cdot 5} = \dfrac{2.771.600,00\ €}{346.450,00\ €} = 8\ a$

g) $i = \dfrac{10.513,80\ €\cdot 100}{10.620,00\ €\cdot 9} = \dfrac{1.051.380,00\ €}{95.580,00\ €} = 11\ a$

mathetreff-online

h) $i = \dfrac{17.654,40 \, € \cdot 100}{73.560,00 \, € \cdot 4} = \dfrac{1.765.440,00 \, €}{294.240,00 \, €} = 6 \, a$ i) $i = \dfrac{13.590,00 \, € \cdot 100}{22.650,00 \, € \cdot 4} = \dfrac{1.359.000,00 \, €}{90.600,00 \, €} = 15 \, a$

16. Berechne die Zeitdauer i:

a) $i = \dfrac{172.020,00 \, € \cdot 100}{573.400,00 \, € \cdot 2} = \dfrac{1.7202.000,00 \, €}{1.146.800,00 \, €} = 15 \, a$ b) $i = \dfrac{192.240,00 \, € \cdot 100}{480.600,00 \, € \cdot 5} = \dfrac{1.9224.000,00 \, €}{2.403.000,00 \, €} = 8 \, a$

c) $i = \dfrac{275.520,00 \, € \cdot 100}{459.200,00 \, € \cdot 4} = \dfrac{2.7552.000,00 \, €}{1.836.800,00 \, €} = 15 \, a$ d) $i = \dfrac{109.920,00 \, € \cdot 100}{229.000,00 \, € \cdot 6} = \dfrac{10.992.000,00 \, €}{1.374.000,00 \, €} = 8 \, a$

e) $i = \dfrac{336.910,00 \, € \cdot 100}{481.300,00 \, € \cdot 10} = \dfrac{33.691.000,00 \, €}{4.813.000,00 \, €} = 7 \, a$ f) $i = \dfrac{77.952,00 \, € \cdot 100}{278.400,00 \, € \cdot 2} = \dfrac{7.795.200,00 \, €}{556.800,00 \, €} = 14 \, a$

g) $i = \dfrac{388.800,00 \, € \cdot 100}{324.000,00 \, € \cdot 8} = \dfrac{38.880.000,00 \, €}{2.592.000,00 \, €} = 15 \, a$ h) $i = \dfrac{180.504,00 \, € \cdot 100}{752.100,00 \, € \cdot 3} = \dfrac{1.8050.400,00 \, €}{2.256.300,00 \, €} = 8 \, a$

i) $i = \dfrac{452.790,00 \, € \cdot 100}{580.500,00 \, € \cdot 6} = \dfrac{45.279.000,00 \, €}{3.483.000,00 \, €} = 13 \, a$ j) $i = \dfrac{330.687,00 \, € \cdot 100}{524.900,00 \, € \cdot 9} = \dfrac{33.068.700,00 \, €}{4.724.100,00 \, €} = 7 \, a$

17. Berechne die Zeitdauer i:

a) $i = \dfrac{1.435,20 \, € \cdot 100}{5.980,00 \, € \cdot 12} = \dfrac{143.520,00 \, €}{71.760,00 \, €} = 2 \, a$ b) $i = \dfrac{5.176,00 \, € \cdot 100}{6.470,00 \, € \cdot 16} = \dfrac{517.600,00 \, €}{103.520,00 \, €} = 5 \, a$

c) $i = \dfrac{9.625,00 \, € \cdot 100}{5.500,00 \, € \cdot 25} = \dfrac{962.500,00 \, €}{137.500,00 \, €} = 7 \, a$ d) $i = \dfrac{6.580,80 \, € \cdot 100}{4.570,00 \, € \cdot 18} = \dfrac{658.080,00 \, €}{82.260,00 \, €} = 8 \, a$

e) $i = \dfrac{3.054,40 \, € \cdot 100}{1.660,00 \, € \cdot 23} = \dfrac{305.440,00 \, €}{38.180,00 \, €} = 8 \, a$ f) $i = \dfrac{1.914,00 \, € \cdot 100}{2.900,00 \, € \cdot 22} = \dfrac{191.400,00 \, €}{63.800,00 \, €} = 3 \, a$

g) $i = \dfrac{2.608,00 \, € \cdot 100}{3.260,00 \, € \cdot 20} = \dfrac{260.800,00 \, €}{65.200,00 \, €} = 4 \, a$ h) $i = \dfrac{6.846,40 \, € \cdot 100}{3.890,00 \, € \cdot 22} = \dfrac{684.640,00 \, €}{85.580,00 \, €} = 8 \, a$

i) $i = \dfrac{3.120,00 \, € \cdot 100}{3.900,00 \, € \cdot 16} = \dfrac{312.000,00 \, €}{62.400,00 \, €} = 5 \, a$ j) $i = \dfrac{3.091,20 \, € \cdot 100}{1.840,00 \, € \cdot 21} = \dfrac{309.120,00 \, €}{38.640,00 \, €} = 8 \, a$

18. Berechne die Zeitdauer i:

a) $i = \dfrac{316,80 \, € \cdot 100}{2.400,00 \, € \cdot 3,3} = \dfrac{31.680,00 \, €}{7.920,00 \, €} = 4 \, a$ b) $i = \dfrac{451,20 \, € \cdot 100}{3.200,00 \, € \cdot 4,7} = \dfrac{45.120,00 \, €}{15.040,00 \, €} = 3 \, a$

c) $i = \dfrac{469,20 \, € \cdot 100}{4.600,00 \, € \cdot 1,7} = \dfrac{46.920,00 \, €}{7.820,00 \, €} = 6 \, a$ d) $i = \dfrac{44,40 \, € \cdot 100}{3.700,00 \, € \cdot 0,6} = \dfrac{4.440,00 \, €}{2.220,00 \, €} = 2 \, a$

e) $i = \dfrac{601,80 \, € \cdot 100}{1.700,00 \, € \cdot 5,9} = \dfrac{60.180,00 \, €}{10.030,00 \, €} = 6 \, a$ f) $i = \dfrac{1331,10 \, € \cdot 100}{2900,00 \, € \cdot 5,1} = \dfrac{133.110,00 \, €}{14.790,00 \, €} = 9 \, a$

g) $i = \dfrac{1.287,00 \, € \cdot 100}{5.500,00 \, € \cdot 3,9} = \dfrac{128.700,00 \, €}{21.450,00 \, €} = 6 \, a$ h) $i = \dfrac{164,00 \, € \cdot 100}{4100,00 \, € \cdot 0,8} = \dfrac{16.400,00 \, €}{3.280,00 \, €} = 5 \, a$

i) $i = \dfrac{475,20 \, € \cdot 100}{4.800,00 \, € \cdot 3,3} = \dfrac{47.520,00 \, €}{15.840,00 \, €} = 3 \, a$ j) $i = \dfrac{80,00 \, € \cdot 100}{800,00 \, € \cdot 5} = \dfrac{8.000,00 \, €}{4.000,00 \, €} = 2 \, a$

19. Berechne den Zinssatz p:

a) $p = \dfrac{2,28\,€ \cdot 100}{57,00\,€ \cdot 2} = \dfrac{228,00\,€}{114,00\,€} = 2\,\%$

b) $p = \dfrac{8,19\,€ \cdot 100}{13,00\,€ \cdot 9} = \dfrac{819,00\,€}{117,00\,€} = 7\,\%$

c) $p = \dfrac{6,60\,€ \cdot 100}{55,00\,€ \cdot 6} = \dfrac{660,00\,€}{330,00\,€} = 2\,\%$

d) $p = \dfrac{4,20\,€ \cdot 100}{21,00\,€ \cdot 5} = \dfrac{420,00\,€}{105,00\,€} = 4\,\%$

e) $p = \dfrac{5,76\,€ \cdot 100}{32,00\,€ \cdot 3} = \dfrac{576,00\,€}{96,00\,€} = 6\,\%$

f) $p = \dfrac{5,39\,€ \cdot 100}{11,00\,€ \cdot 7} = \dfrac{539,00\,€}{77,00\,€} = 7\,\%$

g) $p = \dfrac{3,36\,€ \cdot 100}{8,00\,€ \cdot 6} = \dfrac{336,00\,€}{48,00\,€} = 7\,\%$

h) $p = \dfrac{18,90\,€ \cdot 100}{42,00\,€ \cdot 9} = \dfrac{1.890,00\,€}{378,00\,€} = 5\,\%$

i) $p = \dfrac{3,68\,€ \cdot 100}{23,00\,€ \cdot 8} = \dfrac{368,00\,€}{184,00\,€} = 2\,\%$

j) $p = \dfrac{15,96\,€ \cdot 100}{38,00\,€ \cdot 6} = \dfrac{1.596,00\,€}{228,00\,€} = 7\,\%$

20. Berechne den Zinssatz p:

a) $p = \dfrac{216,00\,€ \cdot 100}{900,00\,€ \cdot 3} = \dfrac{21.600,00\,€}{2.700,00\,€} = 8\,\%$

b) $p = \dfrac{1.698,30\,€ \cdot 100}{6.290,00\,€ \cdot 3} = \dfrac{169.830,00\,€}{18.870,00\,€} = 9\,\%$

c) $p = \dfrac{2.003,40\,€ \cdot 100}{3.710,00\,€ \cdot 6} = \dfrac{200.340,00\,€}{22.260,00\,€} = 9\,\%$

d) $p = \dfrac{637,00\,€ \cdot 100}{1.820,00\,€ \cdot 7} = \dfrac{63.700,00\,€}{12.740,00\,€} = 5\,\%$

e) $p = \dfrac{46,80\,€ \cdot 100}{780,00\,€ \cdot 2} = \dfrac{4.680,00\,€}{1.560,00\,€} = 3\,\%$

f) $p = \dfrac{398,40\,€ \cdot 100}{3.320,00\,€ \cdot 4} = \dfrac{39.840,00\,€}{13.280,00\,€} = 3\,\%$

g) $p = \dfrac{129,00\,€ \cdot 100}{860,00\,€ \cdot 5} = \dfrac{12.900,00\,€}{4.300,00\,€} = 3\,\%$

h) $p = \dfrac{1516,80\,€ \cdot 100}{6.320,00\,€ \cdot 6} = \dfrac{151.680,00\,€}{37.920,00\,€} = 4\,\%$

i) $p = \dfrac{60,00\,€ \cdot 100}{1.000,00\,€ \cdot 3} = \dfrac{6.000,00\,€}{3.000,00\,€} = 2\,\%$

j) $p = \dfrac{442,80\,€ \cdot 100}{1.230,00\,€ \cdot 4} = \dfrac{44.280,00\,€}{4.920,00\,€} = 9\,\%$

21. Berechne den Zinssatz p:

a) $p = \dfrac{302.280,00\,€ \cdot 100}{755.700,00\,€ \cdot 8} = \dfrac{30.228.000,00\,€}{6.045.600,00\,€} = 5\,\%$

b) $p = \dfrac{50.652,00\,€ \cdot 100}{120.600,00\,€ \cdot 7} = \dfrac{5.065.200,00\,€}{844.200,00\,€} = 6\,\%$

c) $p = \dfrac{253.836,00\,€ \cdot 100}{384.600,00\,€ \cdot 11} = \dfrac{25.383.600,00\,€}{4.230.600,00\,€} = 6\,\%$

d) $p = \dfrac{578.754,00\,€ \cdot 100}{584.600,00\,€ \cdot 11} = \dfrac{57.875.400,00\,€}{6.430.600,00\,€} = 9\,\%$

e) $p = \dfrac{117.912,00\,€ \cdot 100}{491.300,00\,€ \cdot 4} = \dfrac{11.791.200,00\,€}{1.965.200,00\,€} = 6\,\%$

f) $p = \dfrac{109.578,00\,€ \cdot 100}{260.900,00\,€ \cdot 7} = \dfrac{10.957.800,00\,€}{1.826.300,00\,€} = 6\,\%$

g) $p = \dfrac{116.208,00\,€ \cdot 100}{215.200,00\,€ \cdot 6} = \dfrac{11.620.800,00\,€}{1.291.200,00\,€} = 9\,\%$

h) $p = \dfrac{55.116,00\,€ \cdot 100}{153.100,00\,€ \cdot 6} = \dfrac{5.511.600,00\,€}{918.600,00\,€} = 6\,\%$

i) $p = \dfrac{283.844,00\,€ \cdot 100}{645.100,00\,€ \cdot 11} = \dfrac{28.384.400,00\,€}{7.096.100,00\,€} = 4\,\%$

j) $p = \dfrac{198.288,00\,€ \cdot 100}{244.800,00\,€ \cdot 9} = \dfrac{19.828.800,00\,€}{2.203.200,00\,€} = 9\,\%$

22. Berechne den Zinssatz p:

a) $p = \dfrac{1.883,00\ € \cdot 100}{2.690,00\ € \cdot 14} = \dfrac{188.300,00\ €}{37.660,00\ €} = 5\,\%$

b) $p = \dfrac{6.888,00\ € \cdot 100}{4.100,00\ € \cdot 24} = \dfrac{688.800,00\ €}{98.400,00\ €} = 7\,\%$

c) $p = \dfrac{10.940,00\ € \cdot 100}{5.470,00\ € \cdot 25} = \dfrac{1.094.000,00\ €}{136.750,00\ €} = 8\,\%$

d) $p = \dfrac{4.860,00\ € \cdot 100}{6.480,00\ € \cdot 25} = \dfrac{486.000,00\ €}{162.000,00\ €} = 3\,\%$

e) $p = \dfrac{7.599,20\ € \cdot 100}{4.130,00\ € \cdot 23} = \dfrac{759.920,00\ €}{94.990,00\ €} = 8\,\%$

f) $p = \dfrac{3.560,00\ € \cdot 100}{3.560,00\ € \cdot 20} = \dfrac{356.000,00\ €}{71.200,00\ €} = 5\,\%$

g) $p = \dfrac{3.328,00\ € \cdot 100}{2.080,00\ € \cdot 20} = \dfrac{332.800,00\ €}{41.600,00\ €} = 8\,\%$

h) $p = \dfrac{3.249,90\ € \cdot 100}{1.570,00\ € \cdot 23} = \dfrac{324.990,00\ €}{36.110,00\ €} = 9\,\%$

i) $p = \dfrac{4.050,00\ € \cdot 100}{4.500,00\ € \cdot 18} = \dfrac{405.000,00\ €}{81.000,00\ €} = 5\,\%$

j) $p = \dfrac{2.986,80\ € \cdot 100}{2.620,00\ € \cdot 19} = \dfrac{298.680,00\ €}{49.780,00\ €} = 6\,\%$

23. Berechne den Zinssatz p:

a) $p = \dfrac{5.913,60\ € \cdot 100}{7.040,00\ € \cdot 6} = \dfrac{591.360,00\ €}{42.240,00\ €} = 14\,\%$

b) $p = \dfrac{2.726,40\ € \cdot 100}{5.680,00\ € \cdot 3} = \dfrac{272.640,00\ €}{17.040,00\ €} = 16\,\%$

c) $p = \dfrac{1.250,00\ € \cdot 100}{1.250,00\ € \cdot 5} = \dfrac{125.000,00\ €}{6.250,00\ €} = 20\,\%$

d) $p = \dfrac{7.376,40\ € \cdot 100}{6.830,00\ € \cdot 6} = \dfrac{737.640,00\ €}{40.980,00\ €} = 18\,\%$

e) $p = \dfrac{4.513,50\ € \cdot 100}{2.950,00\ € \cdot 9} = \dfrac{451.350,00\ €}{26.550,00\ €} = 17\,\%$

f) $p = \dfrac{6.308,00\ € \cdot 100}{6.640,00\ € \cdot 5} = \dfrac{630.800,00\ €}{33.200,00\ €} = 19\,\%$

g) $p = \dfrac{11.263,20\ € \cdot 100}{7.410,00\ € \cdot 8} = \dfrac{1.126.320,00\ €}{59.280,00\ €} = 19\,\%$

h) $p = \dfrac{2.230,40\ € \cdot 100}{1.640,00\ € \cdot 8} = \dfrac{223.040,00\ €}{13.120,00\ €} = 17\,\%$

i) $p = \dfrac{18.139,50\ € \cdot 100}{6.950,00\ € \cdot 9} = \dfrac{1.813.950,00\ €}{62.550,00\ €} = 29\,\%$

j) $p = \dfrac{4.009,60\ € \cdot 100}{7.160,00\ € \cdot 4} = \dfrac{400.960,00\ €}{28.640,00\ €} = 14\,\%$

24. Berechne den Zinssatz p:

a) $p = \dfrac{1.385,04\ € \cdot 100}{1.990,00\ € \cdot 8} = \dfrac{138.504,00\ €}{15.920,00\ €} = 8,7\,\%$

b) $p = \dfrac{318,20\ € \cdot 100}{4.300,00\ € \cdot 2} = \dfrac{31.820,00\ €}{8.600,00\ €} = 3,7\,\%$

c) $p = \dfrac{2.558,52\ € \cdot 100}{2.760,00\ € \cdot 9} = \dfrac{255.852,00\ €}{24.840,00\ €} = 10,3\,\%$

d) $p = \dfrac{3.168,34\ € \cdot 100}{7.420,00\ € \cdot 7} = \dfrac{316.834,00\ €}{51.940,00\ €} = 6,1\,\%$

e) $p = \dfrac{2.149,12\ € \cdot 100}{2.920,00\ € \cdot 8} = \dfrac{214.912,00\ €}{23.360,00\ €} = 9,2\,\%$

f) $p = \dfrac{264,00\ € \cdot 100}{4.000,00\ € \cdot 2} = \dfrac{26.400,00\ €}{8.000,00\ €} = 3,3\,\%$

g) $p = \dfrac{2.737,62\ € \cdot 100}{6.810,00\ € \cdot 6} = \dfrac{273.762,00\ €}{40.860,00\ €} = 6,7\,\%$

h) $p = \dfrac{270,30\ € \cdot 100}{1.060,00\ € \cdot 3} = \dfrac{27.030,00\ €}{3.180,00\ €} = 8,5\,\%$

i) $p = \dfrac{1.053,64\ € \cdot 100}{1.420,00\ € \cdot 7} = \dfrac{105.364,00\ €}{9.940,00\ €} = 10,6\,\%$

j) $p = \dfrac{910,14\ € \cdot 100}{3.940,00\ € \cdot 7} = \dfrac{91.014,00\ €}{27.580,00\ €} = 3,3\,\%$

25. Berechne die Zinsen Z:

a) $Z = \dfrac{688,00 \, € \cdot 6 \cdot 8}{100 \cdot 12} = \dfrac{33.024,00 \, €}{1.200} = 27,52 \, €$

b) $Z = \dfrac{100,00 \, € \cdot 8 \cdot 3}{100 \cdot 12} = \dfrac{2.400,00 \, €}{1.200} = 2,00 \, €$

c) $Z = \dfrac{606,00 \, € \cdot 5 \cdot 2}{100 \cdot 12} = \dfrac{6.060,00 \, €}{1.200} = 5,05 \, €$

d) $Z = \dfrac{130,00 \, € \cdot 9 \cdot 2}{100 \cdot 12} = \dfrac{2.340,00 \, €}{1.200} = 1,95 \, €$

e) $Z = \dfrac{132,00 \, € \cdot 3 \cdot 2}{100 \cdot 12} = \dfrac{792,00 \, €}{1.200} = 0,66 \, €$

f) $Z = \dfrac{576,00 \, € \cdot 11 \cdot 3}{100 \cdot 12} = \dfrac{19.008,00 \, €}{1.200} = 15,84 \, €$

g) $Z = \dfrac{536,00 \, € \cdot 11 \cdot 9}{100 \cdot 12} = \dfrac{53.064,00 \, €}{1.200} = 44,22 \, €$

h) $Z = \dfrac{585,00 \, € \cdot 4 \cdot 7}{100 \cdot 12} = \dfrac{16.380,00 \, €}{1.200} = 13,65 \, €$

i) $Z = \dfrac{524,00 \, € \cdot 3 \cdot 6}{100 \cdot 12} = \dfrac{9.432,00 \, €}{1.200} = 7,86 \, €$

j) $Z = \dfrac{129,00 \, € \cdot 9 \cdot 4}{100 \cdot 12} = \dfrac{4.644,00 \, €}{1.200} = 3,87 \, €$

26. Berechne die Zinsen Z:

a) $Z = \dfrac{6.200 \, € \cdot 3 \cdot 9}{100 \cdot 12} = \dfrac{167.400,00 \, €}{1.200}$
$Z = 139,50 \, €$

b) $Z = \dfrac{11.400,00 \, € \cdot 7 \cdot 4}{100 \cdot 12} = \dfrac{319.200,00 \, €}{1.200}$
$Z = 266,00 \, €$

c) $Z = \dfrac{11.950,00 \, € \cdot 4 \cdot 3}{100 \cdot 12} = \dfrac{143.400,00 \, €}{1.200}$
$Z = 119,50 \, €$

d) $Z = \dfrac{14.500,00 \, € \cdot 5 \cdot 9}{100 \cdot 12} = \dfrac{652.500,00 \, €}{1.200}$
$Z = 543,75 \, €$

e) $Z = \dfrac{6.600,00 \, € \cdot 10 \cdot 9}{100 \cdot 12} = \dfrac{594.000,00 \, €}{1.200}$
$Z = 495,00 \, €$

f) $Z = \dfrac{4.470,00 \, € \cdot 8 \cdot 6}{100 \cdot 12} = \dfrac{214.560,00 \, €}{1.200}$
$Z = 178,80 \, €$

g) $Z = \dfrac{17.600,00 \, € \cdot 3 \cdot 7}{100 \cdot 12} = \dfrac{369.600,00 \, €}{1.200}$
$Z = 308,00 \, €$

h) $Z = \dfrac{18.100,00 \, € \cdot 3 \cdot 2}{100 \cdot 12} = \dfrac{108.600,00 \, €}{1.200}$
$Z = 90,50 \, €$

i) $Z = \dfrac{15.850,00 \, € \cdot 11 \cdot 6}{100 \cdot 12} = \dfrac{1.046.100,00 \, €}{1.200}$
$Z = 871,75 \, €$

j) $Z = \dfrac{3.480,00 \, € \cdot 2 \cdot 2}{100 \cdot 12} = \dfrac{13.920,00 \, €}{1.200}$
$Z = 11,60 \, €$

27. Berechne das Kapital K:

a) $K = \dfrac{26,60 \, € \cdot 100 \cdot 12}{5 \cdot 3} = \dfrac{31.920,00 \, €}{15}$
$K = 2.128,00 \, €$

b) $K = \dfrac{55,65 \, € \cdot 100 \cdot 12}{7 \cdot 6} = \dfrac{66.780,00 \, €}{42}$
$K = 1.590,00 \, €$

c) $K = \dfrac{53,00 \, € \cdot 100 \cdot 12}{8 \cdot 3} = \dfrac{63.600,00 \, €}{24}$
$K = 2.650,00 \, €$

d) $K = \dfrac{18,60 \, € \cdot 100 \cdot 12}{4 \cdot 3} = \dfrac{22.320,00 \, €}{12}$
$K = 1.860,00 \, €$

e) $K = \dfrac{93,75 \, € \cdot 100 \cdot 12}{10 \cdot 5} = \dfrac{112.500,00 \, €}{50}$
$K = 2.250,00 \, €$

f) $K = \dfrac{19,04 \, € \cdot 100 \cdot 12}{8 \cdot 2} = \dfrac{22.848,00 \, €}{16}$
$K = 1.428,00 \, €$

g) $K = \dfrac{22,60 \, € \cdot 100 \cdot 12}{5 \cdot 2} = \dfrac{27.120,00 \, €}{10}$
$K = 2.712,00 \, €$

h) $K = \dfrac{94,80 \, € \cdot 100 \cdot 12}{8 \cdot 6} = \dfrac{113.760,00 \, €}{48}$
$K = 2.370,00 \, €$

mathetreff-online

i) $K = \dfrac{15,65\ \text{€} \cdot 100 \cdot 12}{2 \cdot 5} = \dfrac{18.780,00\ \text{€}}{10}$

$K = 1.878,00\ \text{€}$

j) $K = \dfrac{77,40\ \text{€} \cdot 100 \cdot 12}{8 \cdot 9} = \dfrac{92.880,00\ \text{€}}{72}$

$K = 1.290,00\ \text{€}$

28. Berechne das Kapital K:

a) $K = \dfrac{5.668,00\ \text{€} \cdot 100 \cdot 12}{10 \cdot 5} = \dfrac{6.801.600,00\ \text{€}}{50}$

$K = 136.032,00\ \text{€}$

b) $K = \dfrac{556,70\ \text{€} \cdot 100 \cdot 12}{2 \cdot 2} = \dfrac{668.040,00\ \text{€}}{4}$

$K = 167.010,00\ \text{€}$

c) $K = \dfrac{2.712,50\ \text{€} \cdot 100 \cdot 12}{3 \cdot 5} = \dfrac{3.255.000,00\ \text{€}}{15}$

$K = 217.000,00\ \text{€}$

d) $K = \dfrac{6.800,00\ \text{€} \cdot 100 \cdot 12}{8 \cdot 6} = \dfrac{8.160.000,00\ \text{€}}{48}$

$K = 170.000,00\ \text{€}$

e) $K = \dfrac{1.645,00\ \text{€} \cdot 100 \cdot 12}{2 \cdot 7} = \dfrac{1.974.000,00\ \text{€}}{14}$

$K = 141.000,00\ \text{€}$

f) $K = \dfrac{6.766,67\ \text{€} \cdot 100 \cdot 12}{10 \cdot 4} = \dfrac{8.120.004,00\ \text{€}}{40}$

$K = 203.000,00\ \text{€}$

g) $K = \dfrac{1.165,00\ \text{€} \cdot 100 \cdot 12}{3 \cdot 2} = \dfrac{1.398.000,00\ \text{€}}{6}$

$K = 233.000,00\ \text{€}$

h) $K = \dfrac{2.008,20\ \text{€} \cdot 100 \cdot 12}{2 \cdot 5} = \dfrac{2.409.840,00\ \text{€}}{10}$

$K = 240.984,00\ \text{€}$

i) $K = \dfrac{7.950,00\ \text{€} \cdot 100 \cdot 12}{5 \cdot 9} = \dfrac{9.540.000,00\ \text{€}}{45}$

$K = 212.000,00\ \text{€}$

j) $K = \dfrac{2.824,00\ \text{€} \cdot 100 \cdot 12}{2 \cdot 8} = \dfrac{3.388.800,00\ \text{€}}{16}$

$K = 211.800,00\ \text{€}$

29. Berechne die Zeitdauer i:

a) $i = \dfrac{74,90\ \text{€} \cdot 100 \cdot 12}{2.140,00\ \text{€} \cdot 6} = \dfrac{89.880,00\ \text{€}}{12.840,00\ \text{€}} = 7\ a$

b) $i = \dfrac{71,20\ \text{€} \cdot 100 \cdot 12}{1.780,00\ \text{€} \cdot 6} = \dfrac{85.440,00\ \text{€}}{10.680,00\ \text{€}} = 8\ a$

c) $i = \dfrac{34,63\ \text{€} \cdot 100 \cdot 12}{2.770,00\ \text{€} \cdot 3} = \dfrac{41.556,00\ \text{€}}{8.310,00\ \text{€}} = 5\ a$

d) $i = \dfrac{15,20\ \text{€} \cdot 100 \cdot 12}{2.280,00\ \text{€} \cdot 2} = \dfrac{18.240,00\ \text{€}}{4.560,00\ \text{€}} = 4\ a$

e) $i = \dfrac{42,08\ \text{€} \cdot 100 \cdot 12}{1.010,00\ \text{€} \cdot 5} = \dfrac{50.496,00\ \text{€}}{5.050,00\ \text{€}} = 10\ a$

f) $i = \dfrac{101,67\ \text{€} \cdot 100 \cdot 12}{2.440,00\ \text{€} \cdot 5} = \dfrac{122.004,00\ \text{€}}{12.200\ \text{€}} = 10\ a$

g) $i = \dfrac{62,77\ \text{€} \cdot 100 \cdot 12}{2.790,00\ \text{€} \cdot 3} = \dfrac{75.324,00\ \text{€}}{8.370,00\ \text{€}} = 9\ a$

h) $i = \dfrac{53,38\ \text{€} \cdot 100 \cdot 12}{1.830,00\ \text{€} \cdot 5} = \dfrac{64.056,00\ \text{€}}{9.150,00\ \text{€}} = 7\ a$

i) $i = \dfrac{18,80\ \text{€} \cdot 100 \cdot 12}{1.880,00\ \text{€} \cdot 4} = \dfrac{22.560,00\ \text{€}}{7.520,00\ \text{€}} = 3\ a$

j) $i = \dfrac{92,27\ \text{€} \cdot 100 \cdot 12}{1.730,00\ \text{€} \cdot 8} = \dfrac{110.724,00\ \text{€}}{13.840,00\ \text{€}} = 8\ a$

30. Berechne den Zinssatz p:

a) $p = \dfrac{53,33\ \text{€} \cdot 100 \cdot 12}{2.560,00\ \text{€} \cdot 5} = \dfrac{63.996,00\ \text{€}}{12.800,00\ \text{€}} = 5\ \%$

b) $p = \dfrac{51,20\ \text{€} \cdot 100 \cdot 12}{1.280,00\ \text{€} \cdot 3} = \dfrac{61.440,00\ \text{€}}{3.840,00\ \text{€}} = 16\ \%$

c) $p = \dfrac{60,40\ \text{€} \cdot 100 \cdot 12}{1.510,00\ \text{€} \cdot 4} = \dfrac{72.480,00\ \text{€}}{6.040,00\ \text{€}} = 12\ \%$

d) $p = \dfrac{77,00\ \text{€} \cdot 100 \cdot 12}{2.100,00\ \text{€} \cdot 11} = \dfrac{92.400,00\ \text{€}}{23.100,00\ \text{€}} = 4\ \%$

e) $p = \dfrac{82,42\ \text{€} \cdot 100 \cdot 12}{1.570,00\ \text{€} \cdot 9} = \dfrac{98.904,00\ \text{€}}{14.130,00\ \text{€}} = 7\ \%$

f) $p = \dfrac{119,63\ \text{€} \cdot 100 \cdot 12}{2.610,00\ \text{€} \cdot 5} = \dfrac{143.556,00\ \text{€}}{13.050,00\ \text{€}} = 11\ \%$

g) $p = \dfrac{69,00\ \text{€} \cdot 100 \cdot 12}{1.150,00\ \text{€} \cdot 6} = \dfrac{82.800,00\ \text{€}}{6.900,00\ \text{€}} = 12\ \%$

h) $p = \dfrac{55,42\ \text{€} \cdot 100 \cdot 12}{2.660,00\ \text{€} \cdot 5} = \dfrac{66.504,00\ \text{€}}{13.300,00\ \text{€}} = 5\ \%$

i) $p = \dfrac{24,98\,€ \cdot 100 \cdot 12}{1.110,00\,€ \cdot 9} = \dfrac{29.976,00\,€}{9.990,00\,€} = 3\,\%$

j) $p = \dfrac{149,33\,€ \cdot 100 \cdot 12}{2.800,00\,€ \cdot 8} = \dfrac{179.196,00\,€}{22.400,00\,€} = 8\,\%$

31. Berechne den Zinssatz p:

a) $p = \dfrac{22,24\,€ \cdot 100 \cdot 12}{2.780,00\,€ \cdot 4} = \dfrac{26.688,00\,€}{11.120,00\,€} = 2,4\,\%$

b) $p = \dfrac{58,52\,€ \cdot 100 \cdot 12}{1.320,00\,€ \cdot 7} = \dfrac{70.224,00\,€}{9.240,00\,€} = 7,6\,\%$

c) $p = \dfrac{47,88\,€ \cdot 100 \cdot 12}{1.330,00\,€ \cdot 9} = \dfrac{57.456,00\,€}{11.970,00\,€} = 4,8\,\%$

d) $p = \dfrac{16,15\,€ \cdot 100 \cdot 12}{1.700,00\,€ \cdot 3} = \dfrac{19.380,00\,€}{5.100,00\,€} = 3,8\,\%$

e) $p = \dfrac{36,38\,€ \cdot 100 \cdot 12}{1.070,00\,€ \cdot 8} = \dfrac{43.656,00\,€}{8.560,00\,€} = 5,1\,\%$

f) $p = \dfrac{115,83\,€ \cdot 100 \cdot 12}{1.560,00\,€ \cdot 11} = \dfrac{138.996,00\,€}{17.160,00\,€} = 8,1\,\%$

g) $p = \dfrac{81,76\,€ \cdot 100 \cdot 12}{1.680,00\,€ \cdot 8} = \dfrac{98.112,00\,€}{13.440,00\,€} = 7,3\,\%$

h) $p = \dfrac{175,78\,€ \cdot 100 \cdot 12}{2.670,00\,€ \cdot 10} = \dfrac{210.936,00\,€}{26.700,00\,€} = 7,9\,\%$

i) $p = \dfrac{49,81\,€ \cdot 100 \cdot 12}{2.430,00\,€ \cdot 6} = \dfrac{59.772,00\,€}{14.580,00\,€} = 4,1\,\%$

j) $p = \dfrac{83,88\,€ \cdot 100 \cdot 12}{2.750,00\,€ \cdot 6} = \dfrac{100.656,00\,€}{16.500,00\,€} = 6,1\,\%$

Lösungen zu „Tageszins" (Seite 49)

32. Berechne die Zinsen Z:

a) $Z = \dfrac{570,00\,€ \cdot 106 \cdot 9}{100 \cdot 360} = \dfrac{543.780,00\,€}{36.000}$

$Z = 15,11\,€$

b) $Z = \dfrac{450,00\,€ \cdot 75 \cdot 4}{100 \cdot 360} = \dfrac{135.000,00\,€}{36.000}$

$Z = 3,75\,€$

c) $Z = \dfrac{600,00\,€ \cdot 285 \cdot 9}{100 \cdot 360} = \dfrac{1.539.000,00\,€}{36.000}$

$Z = 42,75\,€$

d) $Z = \dfrac{150,00\,€ \cdot 252 \cdot 3}{100 \cdot 360} = \dfrac{113.400,00\,€}{36.000}$

$Z = 3,15\,€$

e) $Z = \dfrac{460,00\,€ \cdot 301 \cdot 5}{100 \cdot 360} = \dfrac{692.300,00\,€}{36.000}$

$Z = 19,23\,€$

f) $Z = \dfrac{650,00\,€ \cdot 299 \cdot 4}{100 \cdot 360} = \dfrac{777.400,00\,€}{36.000}$

$Z = 21,59\,€$

g) $Z = \dfrac{390,00\,€ \cdot 185 \cdot 6}{100 \cdot 360} = \dfrac{432.900,00\,€}{36.000}$

$Z = 12,03\,€$

h) $Z = \dfrac{660,00\,€ \cdot 282 \cdot 2}{100 \cdot 360} = \dfrac{372.240,00\,€}{36.000}$

$Z = 10,34\,€$

i) $Z = \dfrac{800,00\,€ \cdot 115 \cdot 8}{100 \cdot 360} = \dfrac{736.000,00\,€}{36.000}$

$Z = 20,44\,€$

j) $Z = \dfrac{710,00\,€ \cdot 234 \cdot 7}{100 \cdot 360} = \dfrac{1.162.980,00\,€}{36.000}$

$Z = 32,31\,€$

33. Berechne die Zinsen Z:

a) $Z = \dfrac{21.700,00\,€ \cdot 81 \cdot 6}{100 \cdot 360} = \dfrac{10.546.200,00\,€}{36.000}$

$Z = 292,95\,€$

b) $Z = \dfrac{5.500,00\,€ \cdot 290 \cdot 5}{100 \cdot 360} = \dfrac{7.975.000,00\,€}{36.000}$

$Z = 221,53\,€$

c) $Z = \dfrac{32.900,00\,€ \cdot 229 \cdot 2}{100 \cdot 360} = \dfrac{15.068.200,00\,€}{36.000}$

$Z = 418,56\,€$

d) $Z = \dfrac{10.000,00\,€ \cdot 57 \cdot 7}{100 \cdot 360} = \dfrac{3.990.000,00\,€}{36.000}$

$Z = 110,83\,€$

e) $Z = \dfrac{50.900,00\ €\cdot 261\cdot 8}{100\cdot 360} = \dfrac{106.279.200,00\ €}{36.000}$

$Z = 2.952,20\ €$

f) $Z = \dfrac{63.100,00\ €\cdot 73\cdot 5}{100\cdot 360} = \dfrac{23.031.500,00\ €}{36.000}$

$Z = 639,76\ €$

g) $Z = \dfrac{55.000,00\ €\cdot 251\cdot 10}{100\cdot 360} = \dfrac{138.050.000,00\ €}{36.000}$

$Z = 3.834,72\ €$

h) $Z = \dfrac{10.800,00\ €\cdot 117\cdot 10}{100\cdot 360} = \dfrac{12.636.000,00\ €}{36.000}$

$Z = 351,00\ €$

i) $Z = \dfrac{58.200,00\ €\cdot 222\cdot 4}{100\cdot 360} = \dfrac{51.681.600,00\ €}{36.000}$

$Z = 1.435,60\ €$

j) $Z = \dfrac{54.200,00\ €\cdot 129\cdot 8}{100\cdot 360} = \dfrac{55.934.400,00\ €}{36.000}$

$Z = 1.553,73\ €$

34. Berechne das Kapital K:

a) $K = \dfrac{3,33\ €\cdot 100\cdot 360}{48\cdot 2} = \dfrac{119.880,00\ €}{96}$

$K = 1.248,75\ € \approx 1.250,00\ €$

b) $K = \dfrac{30,28\ €\cdot 100\cdot 360}{69\cdot 10} = \dfrac{1.090.080,00\ €}{690}$

$K = 1.579,83\ € \approx 1.580,00\ €$

c) $K = \dfrac{0,99\ €\cdot 100\cdot 360}{6\cdot 5} = \dfrac{35.640,00\ €}{30}$

$K = 1.188,00\ € \approx 1.190,00\ €$

d) $K = \dfrac{15,34\ €\cdot 100\cdot 360}{58\cdot 8} = \dfrac{552.240,00\ €}{464}$

$K = 1.190,17\ € \approx 1.190,00\ €$

e) $K = \dfrac{20,06\ €\cdot 100\cdot 360}{233\cdot 2} = \dfrac{722.160,00\ €}{466}$

$K = 1.549,70\ € \approx 1.550,00\ €$

f) $K = \dfrac{37,18\ €\cdot 100\cdot 360}{264\cdot 3} = \dfrac{1.338.480,00\ €}{792}$

$K = 1.690,00\ €$

g) $K = \dfrac{3,10\ €\cdot 100\cdot 360}{33\cdot 2} = \dfrac{111.600,00\ €}{66}$

$K = 1.690,91\ € \approx 1.690,00\ €$

h) $K = \dfrac{55,81\ €\cdot 100\cdot 360}{254\cdot 7} = \dfrac{2.009.160,00\ €}{1.778}$

$K = 1.130,01\ € \approx 1.130,00\ €$

i) $K = \dfrac{13,25\ €\cdot 100\cdot 360}{48\cdot 7} = \dfrac{477.000,00\ €}{336}$

$K = 1.419,64\ € \approx 1.420,00\ €$

j) $K = \dfrac{19,50\ €\cdot 100\cdot 360}{151\cdot 3} = \dfrac{702.000,00\ €}{453}$

$K = 1.549,67\ € \approx 1.550,00\ €$

35. Berechne das Kapital K:

a) $K = \dfrac{2.514,92\ €\cdot 100\cdot 360}{206\cdot 3} = \dfrac{90.537.120,00\ €}{618}$

$K = 146.500,00\ €$

b) $K = \dfrac{3.859,43\ €\cdot 100\cdot 360}{153\cdot 9} = \dfrac{138.939.480,00\ €}{1.377}$

$K = 100.900,00\ €$

c) $K = \dfrac{4.664,21\ €\cdot 100\cdot 360}{271\cdot 4} = \dfrac{167.911.560,00\ €}{1.084}$

$K = 154.900,00\ €$

d) $K = \dfrac{3.001,20\ €\cdot 100\cdot 360}{244\cdot 3} = \dfrac{108.043.200,00\ €}{732}$

$K = 147.600,00\ €$

e) $K = \dfrac{8.238,22\ €\cdot 100\cdot 360}{256\cdot 7} = \dfrac{296.575.920,00\ €}{1.792}$

$K = 165.500,00\ €$

f) $K = \dfrac{1.104,89\ €\cdot 100\cdot 360}{47\cdot 7} = \dfrac{39.776.040,00\ €}{329}$

$K = 120.900,00\ €$

g) $K = \dfrac{3.212,10\ €\cdot 100\cdot 360}{86\cdot 9} = \dfrac{115.635.600,00\ €}{774}$

$K = 149.400,00\ €$

h) $K = \dfrac{6.230,16\ €\cdot 100\cdot 360}{242\cdot 7} = \dfrac{224.285.760,00\ €}{1.694}$

$K = 132.400,00\ €$

i) $K = \dfrac{6.597,50\ €\cdot 100\cdot 360}{175\cdot 9} = \dfrac{237.510.000,00\ €}{1.575}$

$K = 150.800,00\ €$

j) $K = \dfrac{1.852,72\ €\cdot 100\cdot 360}{221\cdot 3} = \dfrac{66.697.920,00\ €}{663}$

$K = 100.600,00\ €$

36. Berechne die Zeitdauer i:

a) $i = \dfrac{419,88\ € \cdot 100 \cdot 360}{82.150,00\ € \cdot 4} = \dfrac{15.115.680,00\ €}{328.600,00\ €}$

$i = 46\ d$

b) $i = \dfrac{2.626,53\ € \cdot 100 \cdot 360}{120.760,00\ € \cdot 3} = \dfrac{94.555.080,00\ €}{362.280,00\ €}$

$i = 261\ d$

c) $i = \dfrac{3.821,65\ € \cdot 100 \cdot 360}{109.190,00\ € \cdot 6} = \dfrac{137.579.400,00\ €}{655.140,00\ €}$

$i = 210\ d$

d) $i = \dfrac{3.166,25\ € \cdot 100 \cdot 360}{126.650,00\ € \cdot 15} = \dfrac{113.985.000,00\ €}{1.899.750,00\ €}$

$i = 60\ d$

e) $i = \dfrac{12.462,84\ € \cdot 100 \cdot 360}{117.790,00\ € \cdot 13} = \dfrac{448.662.240,00\ €}{1.531.270,00\ €}$

$i = 293\ d$

f) $i = \dfrac{4.913,70\ € \cdot 100 \cdot 360}{74.450,00\ € \cdot 11} = \dfrac{176.893.200,00\ €}{818.950,00\ €}$

$i = 216\ d$

g) $i = \dfrac{3.935,54\ € \cdot 100 \cdot 360}{133.660,00\ € \cdot 10} = \dfrac{141.679.440,00\ €}{1.336.600,00\ €}$

$i = 106\ d$

h) $i = \dfrac{1.441,41\ € \cdot 100 \cdot 360}{125.340,00\ € \cdot 6} = \dfrac{51.890.760,00\ €}{752.040,00\ €}$

$i = 69\ d$

i) $i = \dfrac{5.625,69\ € \cdot 100 \cdot 360}{81.010,00\ € \cdot 10} = \dfrac{202.524.840,00\ €}{810.100,00\ €}$

$i = 250\ d$

j) $i = \dfrac{9.827,30\ € \cdot 100 \cdot 360}{120.910,00\ € \cdot 14} = \dfrac{353.782.800,00\ €}{1.692.740,00\ €}$

$i = 209\ d$

37. Berechne den Zinssatz p:

a) $p = \dfrac{234,42\ € \cdot 100 \cdot 360}{13.700,00\ € \cdot 44} = \dfrac{8.439.120,00\ €}{602.800,00\ €}$

$p = 14\ \%$

b) $p = \dfrac{102,71\ € \cdot 100 \cdot 360}{9.860,00\ € \cdot 125} = \dfrac{3.697.560,00\ €}{1.232.500,00\ €}$

$p = 3\ \%$

c) $p = \dfrac{110,23\ € \cdot 100 \cdot 360}{11.210,00\ € \cdot 118} = \dfrac{3.968.280,00\ €}{1.322.780,00\ €}$

$p = 3\ \%$

d) $p = \dfrac{431,68\ € \cdot 100 \cdot 360}{8.520,00\ € \cdot 228} = \dfrac{15.540.480,00\ €}{1.942.560,00\ €}$

$p = 8\ \%$

e) $p = \dfrac{951,25\ € \cdot 100 \cdot 360}{13.440,00\ € \cdot 196} = \dfrac{34.245.000,00\ €}{2.634.240,00\ €}$

$p = 13\ \%$

f) $p = \dfrac{1.145,54\ € \cdot 100 \cdot 360}{10.790,00\ € \cdot 294} = \dfrac{41.239.440,00\ €}{3.172.260,00\ €}$

$p = 13\ \%$

g) $p = \dfrac{151,82\ € \cdot 100 \cdot 360}{12.200,00\ € \cdot 224} = \dfrac{5.465.520,00\ €}{2.732.800,00\ €}$

$p = 2\ \%$

h) $p = \dfrac{682,66\ € \cdot 100 \cdot 360}{9.380,00\ € \cdot 262} = \dfrac{24.575.760,00\ €}{2.457.560,00\ €}$

$p = 10\ \%$

i) $p = \dfrac{189,81\ € \cdot 100 \cdot 360}{13.090,00\ € \cdot 87} = \dfrac{6.833.160,00\ €}{1.138.830,00\ €}$

$p = 6\ \%$

j) $p = \dfrac{532,00\ € \cdot 100 \cdot 360}{9.000,00\ € \cdot 152} = \dfrac{19.152.000,00\ €}{1.368.000,00\ €}$

$p = 14\ \%$

38. Berechne den Zinssatz p:

a) $p = \dfrac{10,54\ € \cdot 100 \cdot 360}{730,00\ € \cdot 208} = \dfrac{379.440,00\ €}{151.840,00\ €}$

$p = 2,5\ \%$

b) $p = \dfrac{10,00\ € \cdot 100 \cdot 360}{1.170,00\ € \cdot 181} = \dfrac{360.000,00\ €}{211.770,00\ €}$

$p = 1,7\ \%$

c) $p = \dfrac{5,55\ € \cdot 100 \cdot 360}{840,00\ € \cdot 119} = \dfrac{199.800,00\ €}{99.960,00\ €}$

$p = 2,0\ \%$

d) $p = \dfrac{49,63\ € \cdot 100 \cdot 360}{1.290,00\ € \cdot 243} = \dfrac{1.786.680,00\ €}{313.470,00\ €}$

$p = 5,7\ \%$

e) $p = \dfrac{11,59\ € \cdot 100 \cdot 360}{710,00\ € \cdot 226} = \dfrac{417.240,00\ €}{160.460,00\ €}$

$p = 2,6\ \%$

f) $p = \dfrac{4,25\ € \cdot 100 \cdot 360}{1.200,00\ € \cdot 91} = \dfrac{153.000,00\ €}{109.200,00\ €}$

$p = 1,4\ \%$

mathetreff-online

g) $p = \dfrac{43,19 \, € \cdot 100 \cdot 360}{880,00 \, € \cdot 285} = \dfrac{1.554.840,00 \, €}{250.800,00 \, €}$

$p = 6,2 \%$

h) $p = \dfrac{2,19 \, € \cdot 100 \cdot 360}{920,00 \, € \cdot 39} = \dfrac{78.840,00 \, €}{35.880,00 \, €}$

$p = 2,2 \%$

i) $p = \dfrac{3,33 \, € \cdot 100 \cdot 360}{1.000,00 \, € \cdot 57} = \dfrac{119.880,00 \, €}{57.000,00 \, €}$

$p = 2,1 \%$

j) $p = \dfrac{38,14 \, € \cdot 100 \cdot 360}{1.350,00 \, € \cdot 226} = \dfrac{1.373.040,00 \, €}{305.100,00 \, €}$

$p = 4,5 \%$

Lösungen zu „Zinseszins" (Seite 51)

39. Berechne das Endkapital K_n:

a) $K_n = 300,00 \, € \cdot (1 + \dfrac{2}{100})^9 = 300,00 \, € \cdot (1 + 0,02)^9 = 300,00 \, € \cdot (1,02)^9$

$K_n = 300,00 \, € \cdot 1,195093 = 358,53 \, €$

b) $K_n = 440,00 \, € \cdot (1 + \dfrac{6}{100})^5 = 440,00 \, € \cdot (1 + 0,06)^5 = 440,00 \, € \cdot (1,06)^5$

$K_n = 440,00 \, € \cdot 1,338226 = 588,82 \, €$

c) $K_n = 290,00 \, € \cdot (1 + \dfrac{7}{100})^9 = 290,00 \, € \cdot (1 + 0,07)^9 = 290,00 \, € \cdot (1,07)^9$

$K_n = 290,00 \, € \cdot 1,838459 = 533,15 \, €$

d) $K_n = 810,00 \, € \cdot (1 + \dfrac{9}{100})^4 = 810,00 \, € \cdot (1 + 0,09)^4 = 810,00 \, € \cdot (1,09)^4$

$K_n = 810,00 \, € \cdot 1,411582 = 1.143,38 \, €$

e) $K_n = 320,00 \, € \cdot (1 + \dfrac{5}{100})^5 = 320,00 \, € \cdot (1 + 0,05)^5 = 320,00 \, € \cdot (1,05)^5$

$K_n = 320,00 \, € \cdot 1,276282 = 408,41 \, €$

f) $K_n = 590,00 \, € \cdot (1 + \dfrac{6}{100})^2 = 590,00 \, € \cdot (1 + 0,06)^2 = 590,00 \, € \cdot (1,06)^2$

$K_n = 590,00 \, € \cdot 1,1236 = 662,92 \, €$

g) $K_n = 290,00 \, € \cdot (1 + \dfrac{7}{100})^4 = 290,00 \, € \cdot (1 + 0,07)^4 = 290,00 \, € \cdot (1,07)^4$

$K_n = 290,00 \, € \cdot 1,310796 = 380,13 \, €$

h) $K_n = 890,00 \, € \cdot (1 + \dfrac{9}{100})^4 = 890,00 \, € \cdot (1 + 0,09)^4 = 890,00 \, € \cdot (1,09)^4$

$K_n = 890,00 \, € \cdot 1,411582 = 1.256,31 \, €$

i) $K_n = 840,00 \, € \cdot (1 + \dfrac{9}{100})^2 = 840,00 \, € \cdot (1 + 0,09)^2 = 840,00 \, € \cdot (1,09)^2$

$K_n = 840,00 \, € \cdot 1,1881 = 998,00 \, €$

j) $K_n = 760,00 \, € \cdot (1 + \dfrac{8}{100})^7 = 760,00 \, € \cdot (1 + 0,08)^7 = 760,00 \, € \cdot (1,08)^7$

$K_n = 760,00 \, € \cdot 1,713824 = 1.302,51 \, €$

40. Berechne das Endkapital K_n:

a) $K_n = 8.400,00\ € \cdot (1 + \frac{8}{100})^2 = 8.400,00\ € \cdot (1+0,08)^2 = 8.400,00\ € \cdot (1,08)^2$

$K_n = 8.400,00\ € \cdot 1,1664 = 9.797,76\ €$

b) $K_n = 6.700,00\ € \cdot (1 + \frac{5}{100})^8 = 6.700,00\ € \cdot (1+0,05)^8 = 6.700,00\ € \cdot (1,05)^8$

$K_n = 6.700,00\ € \cdot 1,477455 = 9.898,95\ €$

c) $K_n = 1.600,00\ € \cdot (1 + \frac{6}{100})^{10} = 1.600,00\ € \cdot (1+0,06)^{10} = 1.600,00\ € \cdot (1,06)^{10}$

$K_n = 1.600,00\ € \cdot 1,790848 = 2.865,36\ €$

d) $K_n = 1.400,00\ € \cdot (1 + \frac{4}{100})^{12} = 1.400,00\ € \cdot (1+0,04)^{12} = 1.400,00\ € \cdot (1,04)^{12}$

$K_n = 1.400,00\ € \cdot 1,601032 = 2.241,45\ €$

e) $K_n = 3.600,00\ € \cdot (1 + \frac{4}{100})^{14} = 3.600,00\ € \cdot (1+0,04)^{14} = 3.600,00\ € \cdot (1,04)^{14}$

$K_n = 3.600,00\ € \cdot 1,731676 = 6.234,04\ €$

f) $K_n = 8.100,00\ € \cdot (1 + \frac{5}{100})^4 = 8.100,00\ € \cdot (1+0,05)^4 = 8.100,00\ € \cdot (1,05)^4$

$K_n = 8.100,00\ € \cdot 1,215506 = 9.845,60\ €$

g) $K_n = 6.600,00\ € \cdot (1 + \frac{3}{100})^{12} = 6.600,00\ € \cdot (1+0,03)^{12} = 6.600,00\ € \cdot (1,03)^{12}$

$K_n = 6.600,00\ € \cdot 1,425761 = 9.410,02\ €$

h) $K_n = 2.000,00\ € \cdot (1 + \frac{3}{100})^{13} = 2.000,00\ € \cdot (1+0,03)^{13} = 2.000,00\ € \cdot (1,03)^{13}$

$K_n = 2.000,00\ € \cdot 1,468534 = 2.937,07\ €$

i) $K_n = 5.600,00\ € \cdot (1 + \frac{5}{100})^{10} = 5.600,00\ € \cdot (1+0,05)^{10} = 5.600,00\ € \cdot (1,05)^{10}$

$K_n = 5.600,00\ € \cdot 1,628895 = 9.121,81\ €$

j) $K_n = 5.600,00\ € \cdot (1 + \frac{9}{100})^6 = 5.600,00\ € \cdot (1+0,09)^6 = 5.600,00\ € \cdot (1,09)^6$

$K_n = 5.600,00\ € \cdot 1,6771 = 9.391,76\ €$

41. Berechne das Endkapital Kn:

a) $K_n = 32.100,00\ € \cdot (1 + \frac{5}{100})^3 = 32.100,00\ € \cdot (1+0,05)^3 = 32.100,00\ € \cdot (1,05)^3$

$K_n = 32.100,00\ € \cdot 1,157625 = 37.159,76\ €$

b) $K_n = 24.000,00\ € \cdot (1 + \frac{7}{100})^9 = 24.000,00\ € \cdot (1+0,07)^9 = 24.000,00\ € \cdot (1,07)^9$

$K_n = 24.000,00\ € \cdot 1,838459 = 44.123,02\ €$

c) $K_n = 36.900,00\ € \cdot (1 + \frac{5}{100})^7 = 36.900,00\ € \cdot (1+0,05)^7 = 36.900,00\ € \cdot (1,05)^7$

$K_n = 36.900,00\ € \cdot 1,407100 = 51.922,01\ €$

mathetreff-online

d) $K_n = 76.400,00 \,€ \cdot (1 + \frac{2}{100})^5 = 76.400,00 \,€ \cdot (1 + 0,02)^5 = 76.400,00 \,€ \cdot (1,02)^5$

$K_n = 76.400,00 \,€ \cdot 1,104081 = 84.351,77 \,€$

e) $K_n = 22.900,00 \,€ \cdot (1 + \frac{6}{100})^6 = 22.900,00 \,€ \cdot (1 + 0,06)^6 = 22.900,00 \,€ \cdot (1,06)^6$

$K_n = 22.900,00 \,€ \cdot 1,418519 = 32.484,09 \,€$

f) $K_n = 47.300,00 \,€ \cdot (1 + \frac{3}{100})^3 = 47.300,00 \,€ \cdot (1 + 0,03)^3 = 47.300,00 \,€ \cdot (1,03)^3$

$K_n = 47.300,00 \,€ \cdot 1,092727 = 51.685,99 \,€$

g) $K_n = 51.600,00 \,€ \cdot (1 + \frac{2}{100})^4 = 51.600,00 \,€ \cdot (1 + 0,02)^4 = 51.600,00 \,€ \cdot (1,02)^4$

$K_n = 51.600,00 \,€ \cdot 1,082432 = 55.853,50 \,€$

h) $K_n = 81.000,00 \,€ \cdot (1 + \frac{5}{100})^9 = 81.000,00 \,€ \cdot (1 + 0,05)^9 = 81.000,00 \,€ \cdot (1,05)^9$

$K_n = 81.000,00 \,€ \cdot 1,551328 = 125.657,59 \,€$

i) $K_n = 70.800,00 \,€ \cdot (1 + \frac{2}{100})^8 = 70.800,00 \,€ \cdot (1 + 0,02)^8 = 70.800,00 \,€ \cdot (1,02)^8$

$K_n = 70.800,00 \,€ \cdot 1,171659 = 82.953,48 \,€$

j) $K_n = 13.100,00 \,€ \cdot (1 + \frac{5}{100})^6 = 13.100,00 \,€ \cdot (1 + 0,05)^6 = 13.100,00 \,€ \cdot (1,05)^6$

$K_n = 13.100,00 \,€ \cdot 1,340096 = 17.555,25 \,€$

42. Berechne das Endkapital K_n:

a) $K_n = 138.000,00 \,€ \cdot (1 + \frac{2}{100})^4 = 138.000,00 \,€ \cdot (1 + 0,02)^4 = 138.000,00 \,€ \cdot (1,02)^4$

$K_n = 138.000,00 \,€ \cdot 1,082432 = 149.375,64 \,€$

b) $K_n = 140.000,00 \,€ \cdot (1 + \frac{5}{100})^9 = 140.000,00 \,€ \cdot (1 + 0,05)^9 = 140.000,00 \,€ \cdot (1,05)^9$

$K_n = 140.000,00 \,€ \cdot 1,551328 = 217.185,95 \,€$

c) $K_n = 300.000,00 \,€ \cdot (1 + \frac{4}{100})^2 = 300.000,00 \,€ \cdot (1 + 0,04)^2 = 300.000,00 \,€ \cdot (1,04)^2$

$K_n = 300.000,00 \,€ \cdot 1,0816 = 324.480,00 \,€$

d) $K_n = 405.000,00 \,€ \cdot (1 + \frac{5}{100})^3 = 405.000,00 \,€ \cdot (1 + 0,05)^3 = 405.000,00 \,€ \cdot (1,05)^3$

$K_n = 405.000,00 \,€ \cdot 1,157625 = 468.838,13 \,€$

e) $K_n = 842.000,00 \,€ \cdot (1 + \frac{2}{100})^7 = 842.000,00 \,€ \cdot (1 + 0,02)^7 = 842.000,00 \,€ \cdot (1,02)^7$

$K_n = 842.000,00 \,€ \cdot 1,148686 = 967.193,33 \,€$

f) $K_n = 365.000,00 \,€ \cdot (1 + \frac{5}{100})^9 = 365.000,00 \,€ \cdot (1 + 0,05)^9 = 365.000,00 \,€ \cdot (1,05)^9$

$K_n = 365.000,00 \,€ \cdot 1,551328 = 566.234,80 \,€$

g) $K_n = 866.000,00 \text{ €} \cdot (1 + \dfrac{7}{100})^6 = 866.000,00 \text{ €} \cdot (1 + 0,07)^6 = 866.000,00 \text{ €} \cdot (1,07)^6$

$K_n = 866.000,00 \text{ €} \cdot 1,500730 = 1.299.632,49 \text{ €}$

h) $K_n = 870.000,00 \text{ €} \cdot (1 + \dfrac{2}{100})^9 = 870.000,00 \text{ €} \cdot (1 + 0,02)^9 = 870.000,00 \text{ €} \cdot (1,02)^9$

$K_n = 870.000,00 \text{ €} \cdot 1,195093 = 1.039.730,54 \text{ €}$

i) $K_n = 831.000,00 \text{ €} \cdot (1 + \dfrac{8}{100})^2 = 831.000,00 \text{ €} \cdot (1 + 0,08)^2 = 831.000,00 \text{ €} \cdot (1,08)^2$

$K_n = 831.000,00 \text{ €} \cdot 1,1664 = 969.278,40 \text{ €}$

j) $K_n = 727.000,00 \text{ €} \cdot (1 + \dfrac{5}{100})^2 = 727.000,00 \text{ €} \cdot (1 + 0,05)^2 = 727.000,00 \text{ €} \cdot (1,05)^2$

$K_n = 727.000,00 \text{ €} \cdot 1,1025 = 801.517,50 \text{ €}$

43. Berechne das Endkapital K_n:

a) $K_n = 2.300,00 \text{ €} \cdot (1 + \dfrac{6,9}{100})^5 = 2.300,00 \text{ €} \cdot (1 + 0,069)^5 = 2.300,00 \text{ €} \cdot (1,069)^5$

$K_n = 2.300,00 \text{ €} \cdot 1,396010 = 3.210,82 \text{ €}$

b) $K_n = 3.000,00 \text{ €} \cdot (1 + \dfrac{5,4}{100})^3 = 3.000,00 \text{ €} \cdot (1 + 0,054)^3 = 3.000,00 \text{ €} \cdot (1,054)^3$

$K_n = 3.000,00 \text{ €} \cdot 1,170905 = 3.512,72 \text{ €}$

c) $K_n = 7.300,00 \text{ €} \cdot (1 + \dfrac{4,6}{100})^5 = 7.300,00 \text{ €} \cdot (1 + 0,046)^5 = 7.300,00 \text{ €} \cdot (1,046)^5$

$K_n = 7.300,00 \text{ €} \cdot 1,252156 = 9.140,74 \text{ €}$

d) $K_n = 6.300,00 \text{ €} \cdot (1 + \dfrac{8,3}{100})^8 = 6.300,00 \text{ €} \cdot (1 + 0,083)^8 = 6.300,00 \text{ €} \cdot (1,083)^8$

$K_n = 6.300,00 \text{ €} \cdot 1,892464 = 11.922,52 \text{ €}$

e) $K_n = 1.100,00 \text{ €} \cdot (1 + \dfrac{6,6}{100})^8 = 1.100,00 \text{ €} \cdot (1 + 0,066)^8 = 1.100,00 \text{ €} \cdot (1,066)^8$

$K_n = 1.100,00 \text{ €} \cdot 1,667468 = 1.834,22 \text{ €}$

f) $K_n = 4.500,00 \text{ €} \cdot (1 + \dfrac{9,0}{100})^6 = 4.500,00 \text{ €} \cdot (1 + 0,09)^6 = 4.500,00 \text{ €} \cdot (1,09)^6$

$K_n = 4.500,00 \text{ €} \cdot 1,677100 = 7.546,95 \text{ €}$

g) $K_n = 5.600,00 \text{ €} \cdot (1 + \dfrac{2,2}{100})^3 = 5.600,00 \text{ €} \cdot (1 + 0,022)^3 = 5.600,00 \text{ €} \cdot (1,022)^3$

$K_n = 5.600,00 \text{ €} \cdot 1,067463 = 5.977,79 \text{ €}$

h) $K_n = 2.900,00 \text{ €} \cdot (1 + \dfrac{1,9}{100})^2 = 2.900,00 \text{ €} \cdot (1 + 0,019)^2 = 2.900,00 \text{ €} \cdot (1,019)^2$

$K_n = 2.900,00 \text{ €} \cdot 1,038361 = 3.011,25 \text{ €}$

i) $K_n = 2.800,00 \text{ €} \cdot (1 + \dfrac{9,3}{100})^5 = 2.800,00 \text{ €} \cdot (1 + 0,093)^5 = 2.800,00 \text{ €} \cdot (1,093)^5$

$K_n = 2.800,00 \text{ €} \cdot 1,559915 = 4.367,76 \text{ €}$

j) $K_n = 4.600,00 \, € \cdot (1 + \frac{4,1}{100})^2 = 4.600,00 \, € \cdot (1 + 0,041)^2 = 4.600,00 \, € \cdot (1,041)^2$

$K_n = 4.600,00 \, € \cdot 1,083681 = 4.984,93 \, €$

44. Berechne das Anfangskapital K_0:

a) $K_0 = \dfrac{6.955,64 \, €}{(1 + \frac{3}{100})^5} = \dfrac{6.955,64 \, €}{(1 + 0,03)^5} = \dfrac{6.955,64 \, €}{(1,03)^5} = \dfrac{6.955,64 \, €}{1,159274} = 6.000,00 \, €$

b) $K_0 = \dfrac{4.000,42 \, €}{(1 + \frac{9}{100})^5} = \dfrac{4.000,42 \, €}{(1 + 0,09)^5} = \dfrac{4.000,42 \, €}{(1,09)^5} = \dfrac{4.000,42 \, €}{1,538624} = 2.600,00 \, €$

c) $K_0 = \dfrac{6.547,51 \, €}{(1 + \frac{2}{100})^7} = \dfrac{6.547,51 \, €}{(1 + 0,02)^7} = \dfrac{6.547,51 \, €}{(1,02)^7} = \dfrac{6.547,51 \, €}{1,148686} = 5.700,00 \, €$

d) $K_0 = \dfrac{7.494,96 \, €}{(1 + \frac{9}{100})^7} = \dfrac{7.494,96 \, €}{(1 + 0,09)^7} = \dfrac{7.494,96 \, €}{(1,09)^7} = \dfrac{7.494,96 \, €}{1,828039} = 4.100,00 \, €$

e) $K_0 = \dfrac{2.584,93 \, €}{(1 + \frac{8}{100})^4} = \dfrac{2.584,93 \, €}{(1 + 0,08)^4} = \dfrac{2.584,93 \, €}{(1,08)^4} = \dfrac{2.584,93 \, €}{1,360489} = 1.900,00 \, €$

f) $K_0 = \dfrac{7.376,30 \, €}{(1 + \frac{6}{100})^6} = \dfrac{7.376,30 \, €}{(1 + 0,06)^6} = \dfrac{7.376,30 \, €}{(1,06)^6} = \dfrac{7.376,30 \, €}{1,418519} = 5.200,00 \, €$

g) $K_0 = \dfrac{3.801,92 \, €}{(1 + \frac{9}{100})^2} = \dfrac{3.801,92 \, €}{(1 + 0,09)^2} = \dfrac{3.801,92 \, €}{(1,09)^2} = \dfrac{3.801,92 \, €}{1,1881} = 3.200,00 \, €$

h) $K_0 = \dfrac{2.550,40 \, €}{(1 + \frac{3}{100})^5} = \dfrac{2.550,40 \, €}{(1 + 0,030)^5} = \dfrac{2.550,40 \, €}{(1,030)^5} = \dfrac{2.550,40 \, €}{1,159274} = 2.200,00 \, €$

i) $K_0 = \dfrac{3.107,24 \, €}{(1 + \frac{2}{100})^9} = \dfrac{3.107,24 \, €}{(1 + 0,02)^9} = \dfrac{3.107,24 \, €}{(1,02)^9} = \dfrac{3.107,24 \, €}{1,195093} = 2.600,00 \, €$

j) $K_0 = \dfrac{3.160,32 \, €}{(1 + \frac{5}{100})^4} = \dfrac{3.160,32 \, €}{(1 + 0,05)^4} = \dfrac{3.160,32 \, €}{(1,05)^4} = \dfrac{3.160,32 \, €}{1,215506} = 2.600,00 \, €$

45. Berechne das Anfangskapital K_0:

a) $K_0 = \dfrac{71.460,42 \, €}{(1 + \frac{8}{100})^{10}} = \dfrac{71.460,42 \, €}{(1 + 0,08)^{10}} = \dfrac{71.460,42 \, €}{(1,08)^{10}} = \dfrac{71.460,42 \, €}{2,158925} = 33.100,00 \, €$

b) $K_0 = \dfrac{37.127,42 \, €}{(1 + \frac{2}{100})^4} = \dfrac{37.127,42 \, €}{(1 + 0,02)^4} = \dfrac{37.127,42 \, €}{(1,02)^4} = \dfrac{37.127,42 \, €}{1,082432} = 34.300,00 \, €$

c) $K_0 = \dfrac{26.387,53\ €}{(1+\dfrac{2}{100})^5} = \dfrac{26.387,53\ €}{(1+0,02)^5} = \dfrac{26.387,53\ €}{(1,02)^5} = \dfrac{26.387,53\ €}{1,104081} = 23.900,00\ €$

d) $K_0 = \dfrac{20.223,13\ €}{(1+\dfrac{8}{100})^7} = \dfrac{20.223,13\ €}{(1+0,08)^7} = \dfrac{20.223,13\ €}{(1,08)^7} = \dfrac{20.223,13\ €}{1,713824} = 11.800,00\ €$

e) $K_0 = \dfrac{54.626,58\ €}{(1+\dfrac{7}{100})^6} = \dfrac{54.626,58\ €}{(1+0,07)^6} = \dfrac{54.626,58\ €}{(1,07)^6} = \dfrac{54.626,58\ €}{1,500730} = 36.400,00\ €$

f) $K_0 = \dfrac{55.541,05\ €}{(1+\dfrac{7}{100})^5} = \dfrac{55.541,05\ €}{(1+0,07)^5} = \dfrac{55.541,05\ €}{(1,07)^5} = \dfrac{55.541,05\ €}{1,402552} = 39.600,00\ €$

g) $K_0 = \dfrac{69.626,96\ €}{(1+\dfrac{3}{100})^{11}} = \dfrac{69.626,96\ €}{(1+0,03)^{11}} = \dfrac{69.626,96\ €}{(1,03)^{11}} = \dfrac{69.626,96\ €}{1,384234} = 50.300,00\ €$

h) $K_0 = \dfrac{111.510,39\ €}{(1+\dfrac{9}{100})^7} = \dfrac{111.510,39\ €}{(1+0,09)^7} = \dfrac{111.510,39\ €}{(1,09)^7} = \dfrac{111.510,39\ €}{1,828039} = 61.000,00\ €$

i) $K_0 = \dfrac{64.843,56\ €}{(1+\dfrac{10}{100})^9} = \dfrac{64.843,56\ €}{(1+0,10)^9} = \dfrac{64.843,56\ €}{(1,10)^9} = \dfrac{64.843,56\ €}{2,357948} = 27.500,00\ €$

j) $K_0 = \dfrac{18.613,30\ €}{(1+\dfrac{7}{100})^4} = \dfrac{18.613,30\ €}{(1+0,07)^4} = \dfrac{18.613,30\ €}{(1,07)^4} = \dfrac{18.613,30\ €}{1,310796} = 14.200,00\ €$

46. Berechne das Anfangskapital K_0:

a) $K_0 = \dfrac{61.921,92\ €}{(1+\dfrac{5}{100})^{24}} = \dfrac{61.921,92\ €}{(1+0,05)^{24}} = \dfrac{61.921,92\ €}{(1,05)^{24}} = \dfrac{61.921,92\ €}{3,225100} = 19.200,00\ €$

b) $K_0 = \dfrac{169.794,31\ €}{(1+\dfrac{9}{100})^{22}} = \dfrac{169.794,31\ €}{(1+0,09)^{22}} = \dfrac{169.794,31\ €}{(1,09)^{22}} = \dfrac{169.794,31\ €}{6,658600} = 25.500,00\ €$

c) $K_0 = \dfrac{54.481,17\ €}{(1+\dfrac{6}{100})^{11}} = \dfrac{54.481,17\ €}{(1+0,06)^{11}} = \dfrac{54.481,17\ €}{(1,06)^{11}} = \dfrac{54.481,17\ €}{1,898299} = 28.700,00\ €$

d) $K_0 = \dfrac{25.400,99\ €}{(1+\dfrac{4}{100})^{11}} = \dfrac{25.400,99\ €}{(1+0,04)^{11}} = \dfrac{25.400,99\ €}{(1,04)^{11}} = \dfrac{25.400,99\ €}{1,539454} = 16.500,00\ €$

e) $K_0 = \dfrac{131.905,09\ €}{(1+\dfrac{8}{100})^{20}} = \dfrac{131.905,09\ €}{(1+0,08)^{20}} = \dfrac{131.905,09\ €}{(1,08)^{20}} = \dfrac{131.905,09\ €}{4,660957} = 28.300,00\ €$

f) $K_0 = \dfrac{42.824,28\ €}{(1+\dfrac{8}{100})^{15}} = \dfrac{42.824,28\ €}{(1+0,08)^{15}} = \dfrac{42.824,28\ €}{(1,08)^{15}} = \dfrac{42.824,28\ €}{3,172169} = 13.500,00\ €$

g) $K_0 = \dfrac{67.491,17\ \text{€}}{(1+\dfrac{7}{100})^{21}} = \dfrac{67.491,17\ \text{€}}{(1+0,07)^{21}} = \dfrac{67.491,17\ \text{€}}{(1,07)^{21}} = \dfrac{67.491,17\ \text{€}}{4,140562} = 16.300,00\ \text{€}$

h) $K_0 = \dfrac{68.518,85\ \text{€}}{(1+\dfrac{8}{100})^{16}} = \dfrac{68.518,85\ \text{€}}{(1+0,08)^{16}} = \dfrac{68.518,85\ \text{€}}{(1,08)^{16}} = \dfrac{68.518,85\ \text{€}}{3,425943} = 20.000,00\ \text{€}$

i) $K_0 = \dfrac{23.474,64\ \text{€}}{(1+\dfrac{2}{100})^{16}} = \dfrac{23.474,64\ \text{€}}{(1+0,02)^{16}} = \dfrac{23.474,64\ \text{€}}{(1,02)^{16}} = \dfrac{23.474,64\ \text{€}}{1,372786} = 17.100,00\ \text{€}$

j) $K_0 = \dfrac{33.775,31\ \text{€}}{(1+\dfrac{3}{100})^{11}} = \dfrac{33.775,31\ \text{€}}{(1+0,03)^{11}} = \dfrac{33.775,31\ \text{€}}{(1,03)^{11}} = \dfrac{33.775,31\ \text{€}}{1,384234} = 24.400,00\ \text{€}$

47. Berechne das Anfangskapital K_0:

a) $K_0 = \dfrac{9.593,65\ \text{€}}{(1+\dfrac{3,7}{100})^{5}} = \dfrac{9.593,65\ \text{€}}{(1+0,037)^{5}} = \dfrac{9.593,65\ \text{€}}{(1,037)^{5}} = \dfrac{9.593,65\ \text{€}}{1,199206} = 8.000,00\ \text{€}$

b) $K_0 = \dfrac{9.860,86\ \text{€}}{(1+\dfrac{12,1}{100})^{3}} = \dfrac{9.860,86\ \text{€}}{(1+0,121)^{3}} = \dfrac{9.860,86\ \text{€}}{(1,121)^{3}} = \dfrac{9.860,86\ \text{€}}{1,408695} = 7.000,00\ \text{€}$

c) $K_0 = \dfrac{4.202,41\ \text{€}}{(1+\dfrac{8,6}{100})^{9}} = \dfrac{4.202,41\ \text{€}}{(1+0,086)^{9}} = \dfrac{4.202,41\ \text{€}}{(1,086)^{9}} = \dfrac{4.202,41\ \text{€}}{2,101205} = 2.000,00\ \text{€}$

d) $K_0 = \dfrac{12.028,70\ \text{€}}{(1+\dfrac{6,2}{100})^{9}} = \dfrac{12.028,70\ \text{€}}{(1+0,062)^{9}} = \dfrac{12.028,70\ \text{€}}{(1,062)^{9}} = \dfrac{12.028,70\ \text{€}}{1,718386} = 7.000,00\ \text{€}$

e) $K_0 = \dfrac{4.413,49\ \text{€}}{(1+\dfrac{10,4}{100})^{8}} = \dfrac{4.413,49\ \text{€}}{(1+0,104)^{8}} = \dfrac{4.413,49\ \text{€}}{(1,104)^{8}} = \dfrac{4.413,49\ \text{€}}{2,206747} = 2.000,00\ \text{€}$

f) $K_0 = \dfrac{11.481,99\ \text{€}}{(1+\dfrac{12,8}{100})^{3}} = \dfrac{11.481,99\ \text{€}}{(1+0,128)^{3}} = \dfrac{11.481,99\ \text{€}}{(1,128)^{3}} = \dfrac{11.481,99\ \text{€}}{1,435249} = 8.000,00\ \text{€}$

g) $K_0 = \dfrac{9.433,59\ \text{€}}{(1+\dfrac{3,8}{100})^{8}} = \dfrac{9.433,59\ \text{€}}{(1+0,038)^{8}} = \dfrac{9.433,59\ \text{€}}{(1,038)^{8}} = \dfrac{9.433,59\ \text{€}}{1,347655} = 7.000,00\ \text{€}$

h) $K_0 = \dfrac{3.974,56\ \text{€}}{(1+\dfrac{4,8}{100})^{6}} = \dfrac{3.974,56\ \text{€}}{(1+0,048)^{6}} = \dfrac{3.974,56\ \text{€}}{(1,048)^{6}} = \dfrac{3.974,56\ \text{€}}{1,324853} = 3.000,00\ \text{€}$

i) $K_0 = \dfrac{3.186,83\ \text{€}}{(1+\dfrac{16,8}{100})^{3}} = \dfrac{3.186,83\ \text{€}}{(1+0,168)^{3}} = \dfrac{3.186,83\ \text{€}}{(1,168)^{3}} = \dfrac{3.186,83\ \text{€}}{1,593414} = 2.000,00\ \text{€}$

j) $K_0 = \dfrac{3.588,08\ \text{€}}{(1+\dfrac{12,4}{100})^{5}} = \dfrac{3.588,08\ \text{€}}{(1+0,124)^{5}} = \dfrac{3.588,08\ \text{€}}{(1,124)^{5}} = \dfrac{3.588,08\ \text{€}}{1,794038} = 2.000,00\ \text{€}$

48. Berechne den Zinssatz p:

a) $p = (\sqrt[4]{\dfrac{930,67\,€}{710,00\,€}} - 1) \cdot 100 = (\sqrt[4]{1,310803} - 1) \cdot 100 = (1,07 - 1) \cdot 100 = 0,07 \cdot 100 = 7\,\%$

b) $p = (\sqrt[4]{\dfrac{468,51\,€}{320,00\,€}} - 1) \cdot 100 = (\sqrt[4]{1,464094} - 1) \cdot 100 = (1,10 - 1) \cdot 100 = 0,10 \cdot 100 = 10\,\%$

c) $p = (\sqrt[8]{\dfrac{1063,38\,€}{400,00\,€}} - 1) \cdot 100 = (\sqrt[8]{2,65845} - 1) \cdot 100 = (1,13 - 1) \cdot 100 = 0,13 \cdot 100 = 13\,\%$

d) $p = (\sqrt[2]{\dfrac{804,45\,€}{630,00\,€}} - 1) \cdot 100 = (\sqrt[2]{1,276905} - 1) \cdot 100 = (1,13 - 1) \cdot 100 = 0,13 \cdot 100 = 13\,\%$

e) $p = (\sqrt[7]{\dfrac{574,78\,€}{260,00\,€}} - 1) \cdot 100 = (\sqrt[7]{2,210692} - 1) \cdot 100 = (1,12 - 1) \cdot 100 = 0,12 \cdot 100 = 12\,\%$

f) $p = (\sqrt[4]{\dfrac{1.072,80\,€}{760,00\,€}} - 1) \cdot 100 = (\sqrt[4]{1,411579} - 1) \cdot 100 = (1,09 - 1) \cdot 100 = 0,09 \cdot 100 = 9\,\%$

g) $p = (\sqrt[2]{\dfrac{389,27\,€}{340,00\,€}} - 1) \cdot 100 = (\sqrt[2]{1,144912} - 1) \cdot 100 = (1,07 - 1) \cdot 100 = 0,07 \cdot 100 = 7\,\%$

h) $p = (\sqrt[7]{\dfrac{1.505,67\,€}{640,00\,€}} - 1) \cdot 100 = (\sqrt[7]{2,352605} - 1) \cdot 100 = (1,13 - 1) \cdot 100 = 0,13 \cdot 100 = 13\,\%$

i) $p = (\sqrt[8]{\dfrac{857,44\,€}{400,00\,€}} - 1) \cdot 100 = (\sqrt[8]{2,1436} - 1) \cdot 100 = (1,10 - 1) \cdot 100 = 0,10 \cdot 100 = 10\,\%$

j) $p = (\sqrt[6]{\dfrac{240,12\,€}{160,00\,€}} - 1) \cdot 100 = (\sqrt[6]{1,50057} - 1) \cdot 100 = (1,07 - 1) \cdot 100 = 0,07 \cdot 100 = 7\,\%$

49. Berechne den Zinssatz p:

a) $p = (\sqrt[9]{\dfrac{4.228,46\,€}{2.300,00\,€}} - 1) \cdot 100 = (\sqrt[9]{1,838461} - 1) \cdot 100 = (1,07 - 1) \cdot 100 = 0,07 \cdot 100 = 7\,\%$

b) $p = (\sqrt[15]{\dfrac{4.573,64\,€}{2.200,00\,€}} - 1) \cdot 100 = (\sqrt[15]{2,078927} - 1) \cdot 100 = (1,05 - 1) \cdot 100 = 0,05 \cdot 100 = 5\,\%$

c) $p = (\sqrt[11]{\dfrac{10.104,91\,€}{7.300,00\,€}} - 1) \cdot 100 = (\sqrt[11]{1,384234} - 1) \cdot 100 = (1,03 - 1) \cdot 100 = 0,03 \cdot 100 = 3\,\%$

d) $p = (\sqrt[9]{\dfrac{2.868,22\,€}{2.400,00\,€}} - 1) \cdot 100 = (\sqrt[9]{1,195092} - 1) \cdot 100 = (1,02 - 1) \cdot 100 = 0,02 \cdot 100 = 2\,\%$

e) $p = (\sqrt[11]{\dfrac{2.113,74\,€}{1.700,00\,€}} - 1) \cdot 100 = (\sqrt[11]{1,243376} - 1) \cdot 100 = (1,02 - 1) \cdot 100 = 0,02 \cdot 100 = 2\,\%$

f) $p = (\sqrt[7]{\dfrac{5.743,43\,€}{5.000,00\,€}} - 1) \cdot 100 = (\sqrt[7]{1,149286} - 1) \cdot 100 = (1,02 - 1) \cdot 100 = 0,02 \cdot 100 = 2\,\%$

g) $p = (\sqrt[3]{\dfrac{9.289,92\,€}{7.800,00\,€}} - 1) \cdot 100 = (\sqrt[3]{1,191015} - 1) \cdot 100 = (1,06 - 1) \cdot 100 = 0,06 \cdot 100 = 6\,\%$

h) $p = (\sqrt[7]{\dfrac{10.919,31\,€}{6.800,00\,€}} - 1) \cdot 100 = (\sqrt[7]{1,605781} - 1) \cdot 100 = (1,07 - 1) \cdot 100 = 0,07 \cdot 100 = 7\,\%$

mathetreff-online

i) $p = (\sqrt[4]{\dfrac{6.691,13\ €}{5.300,00\ €}} - 1) \cdot 100 = (\sqrt[4]{1,262477} - 1) \cdot 100 = (1,06 - 1) \cdot 100 = 0,06 \cdot 100 = 6\ \%$

j) $p = (\sqrt[13]{\dfrac{3.839,27\ €}{1.800,00\ €}} - 1) \cdot 100 = (\sqrt[13]{2,132928} - 1) \cdot 100 = (1,06 - 1) \cdot 100 = 0,06 \cdot 100 = 6\ \%$

50. Berechne den Zinssatz p:

a) $p = (\sqrt[9]{\dfrac{1.383.496,02\ €}{637.000,00\ €}} - 1) \cdot 100 = (\sqrt[9]{2,171893} - 1) \cdot 100 = (1,09 - 1) \cdot 100 = 0,09 \cdot 100 = 9\ \%$

b) $p = (\sqrt[7]{\dfrac{1.301.563,85\ €}{712.000,00\ €}} - 1) \cdot 100 = (\sqrt[7]{1,828039} - 1) \cdot 100 = (1,09 - 1) \cdot 100 = 0,09 \cdot 100 = 9\ \%$

c) $p = (\sqrt[9]{\dfrac{1.765.749,24\ €}{813.000,00\ €}} - 1) \cdot 100 = (\sqrt[9]{2,171893} - 1) \cdot 100 = (1,09 - 1) \cdot 100 = 0,09 \cdot 100 = 9\ \%$

d) $p = (\sqrt[3]{\dfrac{774.451,13\ €}{669.000,00\ €}} - 1) \cdot 100 = (\sqrt[3]{1,157625} - 1) \cdot 100 = (1,05 - 1) \cdot 100 = 0,05 \cdot 100 = 5\ \%$

e) $p = (\sqrt[2]{\dfrac{326.340,00\ €}{296.000,00\ €}} - 1) \cdot 100 = (\sqrt[2]{1,1025} - 1) \cdot 100 = (1,05 - 1) \cdot 100 = 0,05 \cdot 100 = 5\ \%$

f) $p = (\sqrt[3]{\dfrac{166.281,98\ €}{132.000,00\ €}} - 1) \cdot 100 = (\sqrt[3]{1,259712} - 1) \cdot 100 = (1,08 - 1) \cdot 100 = 0,08 \cdot 100 = 8\ \%$

g) $p = (\sqrt[7]{\dfrac{718.092,37\ €}{419.000,00\ €}} - 1) \cdot 100 = (\sqrt[7]{1,713824} - 1) \cdot 100 = (1,08 - 1) \cdot 100 = 0,08 \cdot 100 = 8\ \%$

h) $p = (\sqrt[9]{\dfrac{353.593,53\ €}{271.000,00\ €}} - 1) \cdot 100 = (\sqrt[9]{1,304773} - 1) \cdot 100 = (1,03 - 1) \cdot 100 = 0,03 \cdot 100 = 3\ \%$

i) $p = (\sqrt[5]{\dfrac{256.532,59\ €}{201.000,00\ €}} - 1) \cdot 100 = (\sqrt[5]{1,276282} - 1) \cdot 100 = (1,05 - 1) \cdot 100 = 0,05 \cdot 100 = 5\ \%$

j) $p = (\sqrt[2]{\dfrac{277.603,20\ €}{238.000,00\ €}} - 1) \cdot 100 = (\sqrt[2]{1,1664} - 1) \cdot 100 = (1,08 - 1) \cdot 100 = 0,08 \cdot 100 = 8\ \%$

51. Berechne den Zinssatz p:

a) $p = (\sqrt[5]{\dfrac{93.593,67\ €}{56.300,00\ €}} - 1) \cdot 100 = (\sqrt[5]{1,66241} - 1) \cdot 100 = (1,107 - 1) \cdot 100 = 0,107 \cdot 100 = 10,7\ \%$

b) $p = (\sqrt[2]{\dfrac{48.016,02\ €}{39.900,00\ €}} - 1) \cdot 100 = (\sqrt[2]{1,203409} - 1) \cdot 100 = (1,097 - 1) \cdot 100 = 0,097 \cdot 100 = 9,7\ \%$

c) $p = (\sqrt[9]{\dfrac{238.416,04\ €}{80.000,00\ €}} - 1) \cdot 100 = (\sqrt[9]{2,980201} - 1) \cdot 100 = (1,1329 - 1) \cdot 100 = 0,129 \cdot 100 = 12,9\ \%$

d) $p = (\sqrt[7]{\dfrac{50.315,86\ €}{27.000,00\ €}} - 1) \cdot 100 = (\sqrt[7]{1,86355} - 1) \cdot 100 = (1,093 - 1) \cdot 100 = 0,093 \cdot 100 = 9,3\ \%$

e) $p = (\sqrt[4]{\dfrac{20.502,67\ €}{15.700,00\ €}} - 1) \cdot 100 = (\sqrt[4]{1,305903} - 1) \cdot 100 = (1,069 - 1) \cdot 100 = 0,069 \cdot 100 = 6,9\ \%$

f) $p = (\sqrt[4]{\dfrac{57.637,88\ €}{38.800,00\ €}} - 1) \cdot 100 = (\sqrt[4]{1,485512} - 1) \cdot 100 = (1,104 - 1) \cdot 100 = 0,104 \cdot 100 = 10,4\ \%$

g) $p = (\sqrt[7]{\dfrac{57.293,42\,€}{33.000,00\,€}} - 1) \cdot 100 = (\sqrt[7]{1,736164} - 1) \cdot 100 = (1,082 - 1) \cdot 100 = 0,082 \cdot 100 = 8,2\,\%$

h) $p = (\sqrt[9]{\dfrac{130.857,74\,€}{87.300,00\,€}} - 1) \cdot 100 = (\sqrt[9]{1,498943} - 1) \cdot 100 = (1,046 - 1) \cdot 100 = 0,046 \cdot 100 = 4,6\,\%$

i) $p = (\sqrt[4]{\dfrac{18.817,93\,€}{17.800,00\,€}} - 1) \cdot 100 = (\sqrt[4]{1,057187} - 1) \cdot 100 = (1,014 - 1) \cdot 100 = 0,014 \cdot 100 = 1,4\,\%$

j) $p = (\sqrt[7]{\dfrac{139.122,54\,€}{61.000,00\,€}} - 1) \cdot 100 = (\sqrt[7]{2,280697} - 1) \cdot 100 = (1,125 - 1) \cdot 100 = 0,125 \cdot 100 = 12,5\,\%$

Lösungen zu „Textaufgaben" (Seite 55)

52. Löse die Textaufgaben zur einfachen Zinsrechnung:

a) $Z = \dfrac{13.500,00\,€ \cdot 5,5}{100} = \dfrac{74.250,00\,€}{100} = 742,50\,€$ *Berechnung der Zinsen*

     → *Die Jahreszinsen betragen 742,50 €.*

b) ¾ *Jahr = 12 Monate : 4 = 3 Monate · 3 = 9 Monate*   *Berechnung der Zeitdauer i*

     $Z = \dfrac{1.500,00\,€ \cdot 9 \cdot 2,2}{100 \cdot 12} = \dfrac{29.700,00\,€}{1.200} = 24,75\,€$ *Berechnung der Zinsen*

     → *Nadine bekommt nach 9 Monaten 24,75 €.*

c) $K = \dfrac{637,50\,€ \cdot 100 \cdot 12}{1 \cdot 8,5} = \dfrac{765.000,00\,€}{8,5} = 90.000,00\,€$ *Berechnung des Kapitals*

     → *Die Hypothek (Kapital) beträgt 90.000 €.*

d) *15.331,25 € – 13.750,00 € = 1.581,75 €*   *Berechnung der Zinsen*

     $p = \dfrac{1.581,75\,€ \cdot 100}{13.750,00\,€ \cdot 1} = \dfrac{158.175,00\,€}{13.750,00\,€} = 11,5\,\%$ *Berechnung des Zinssatzes*

     → *Der Zinssatz betrug 11,5 %.*

e) $Z = \dfrac{1.610,00\,€ \cdot 3,2}{100} = \dfrac{5.152,00\,€}{100} = 51,52\,€$ *Berechnung der Zinsen*

     → *Julia bekommt nach einem Jahr 51,52 € Zinsen.*

f) $Z = \dfrac{3.600,00\,€ \cdot 240 \cdot 4,6}{100 \cdot 360} = \dfrac{3.974.400,00\,€}{36.000} = 110,40\,€$ *Berechnung der Zinsen*

     → *Maria erhält nach 240 Tagen 110,40 € Zinsen.*

mathetreff-online

g) $K = \dfrac{100{,}75 \ € \cdot 100}{1 \cdot 3{,}1} = \dfrac{100{.}75{,}00 \ €}{3{,}1} = 3{.}250{,}00 \ €$ *Berechnung des Kapitals*

→ *Zu Beginn des Jahres waren 3.250 € auf dem Sparbuch.*

h) $Z = \dfrac{4{.}500{,}00 \ € \cdot 8 \cdot 6{,}3}{100 \cdot 12} = \dfrac{226{.}800{,}00 \ €}{1{.}200} = 189{,}00 \ €$ *Berechnung der Zinsen*

→ *Martina erhält nach 8 Monaten genau 189,00 € Zinsen.*

i) $K = \dfrac{647{,}50 \ € \cdot 100}{1 \cdot 3{,}5} = \dfrac{64{.}750{,}00 \ €}{3{,}5} = 18{.}500{,}00 \ €$ *Berechnung des Kapitals*

→ *Die Spareinlage betrug 18.500 €.*

j) $i = \dfrac{9{.}240{,}00 \ € \cdot 100}{33{.}000{,}00 \ € \cdot 8} = \dfrac{924{.}000{,}00 \ €}{264{.}000{,}00 \ €} = 3{,}5 \ a$ *Berechnung der Zeitdauer*

→ *Das Darlehen wurde nach 3,5 Jahren abgelöst.*

53. Löse die Textaufgaben zur Zinseszinsrechnung:

a) $K_n = 5{.}000{,}00 \ € \cdot (1 + \dfrac{7{,}5}{100})^{18} = 5{.}000{,}00 \ € \cdot (1 + 0{,}075)^{18}$ *Berechnung des Endkapitals*

$K_n = 5{.}000{,}00 \ € \cdot (1{,}075)^{18} = 5{.}000{,}00 \ € \cdot 3{,}675804$

$K_n = 18{.}379{,}02 \ €$

→ *Emma kann sich auf 18.379,02 € freuen.*

b) $K_0 = \dfrac{25{.}000{,}00 \ €}{(1 + \dfrac{5{,}13}{100})^{10}} = \dfrac{25{.}000{,}00 \ €}{(1 + 0{,}0513)^{10}} = \dfrac{25{.}000{,}00 \ €}{(1{,}0513)^{10}}$ *Berechnung des Anfangskapitals*

$K_0 = \dfrac{25{.}000{,}00 \ €}{1{,}649174} = 15{.}160{,}00 \ €$

→ *Madlen müsste 15.160 € anlegen, um in 10 Jahren 25.000 € zu haben.*

c) $p = (\sqrt[15]{\dfrac{2{.}000{,}00 \ €}{1{.}000{,}00 \ €}} - 1) \cdot 100 = (\sqrt[15]{2} - 1) \cdot 100$ *Berechnung des Zinssatzes*

$p = (1{,}047294 - 1) \cdot 100 = 0{,}047294 \cdot 100 = 4{,}73 \ \%$ *Berechnung des Zinssatzes*

→ *Der Zinssatz müsste 4,73 % betragen.*

d) $p = (\sqrt[12]{\dfrac{1{.}808{,}21 \ €}{1{.}000{,}00 \ €}} - 1) \cdot 100 = (\sqrt[12]{1{,}80821} - 1) \cdot 100$ *Berechnung des Zinssatzes*

$p = (1{,}0506 - 1) \cdot 100 = 0{,}0506 \cdot 100 = 5{,}06 \ \%$

→ *Der Zinssatz betrug 5,06 %.*

e) $p = (\sqrt[5]{\dfrac{1.332,54 \text{ €}}{1.100,00 \text{ €}}} - 1) \cdot 100 = (\sqrt[5]{1,2114} - 1) \cdot 100$ *Berechnung des Zinssatzes*

$p = (1,0391 - 1) \cdot 100 = 0,0391 \cdot 100 = 3,91 \text{ %}$

→ *Der Zinssatz betrug 3,91 %.*

f) $K_0 = \dfrac{18.000,00 \text{ €}}{(1 + \dfrac{4,21}{100})^7} = \dfrac{18.000,00 \text{ €}}{(1 + 0,0421)^7} = \dfrac{18.000,00 \text{ €}}{(1,0421)^7}$ *Berechnung des Anfangskapitals*

$K_0 = \dfrac{18.000,00 \text{ €}}{1,334645} = 13.486,73 \text{ €}$

→ *Man müsste 13.486,73 € anlegen, um nach 7 Jahren 18.000 € zu haben.*

g) $K_0 = \dfrac{25.200,00 \text{ €}}{(1 + \dfrac{5,7}{100})^{30}} = \dfrac{25.200,00 \text{ €}}{(1 + 0,057)^{30}} = \dfrac{25.200,00 \text{ €}}{(1,057)^{30}}$ *Berechnung des Anfangskapitals*

$K_0 = \dfrac{25.200,00 \text{ €}}{5,275329} = 4.776,95 \text{ €}$

→ *Das Anfangskapital betrug vor 30 Jahren 4.776,95 €.*

h) $K_n = 7.122,50 \text{ €} \cdot (1 + \dfrac{18}{100})^4 = 7.122,50 \text{ €} \cdot (1 + 0,18)^4$ *Berechnung des Endkapitals*

$K_n = 7.122,50 \text{ €} \cdot (1,18)^4 = 7.122,50 \text{ €} \cdot 1,938777$

$K_n = 13.808,94 \text{ €}$

→ *Das Wohnmobil kostete vor 4 Jahren 13.808,94 €.*

i) $p = (\sqrt[6]{\dfrac{61.630,05 \text{ €}}{42.000,00 \text{ €}}} - 1) \cdot 100 = (\sqrt[6]{1,467382} - 1) \cdot 100$ *Berechnung des Zinssatzes*

$p = (1,066 - 1) \cdot 100 = 0,066 \cdot 100 = 6,6 \text{ %}$

→ *Das Kapital wurde mit 6,6 % verzinst.*

j) $60.000,00 \text{ €} + 14.894,72 \text{ €} = 74.894,72 \text{ €}$ *Berechnung des Endkapitals*

$p = (\sqrt[4]{\dfrac{74.894,72 \text{ €}}{60.000,00 \text{ €}}} - 1) \cdot 100 = (\sqrt[4]{1,248245} - 1) \cdot 100$ *Berechnung des Zinssatzes*

$p = (1,057 - 1) \cdot 100 = 0,057 \cdot 100 = 5,7 \text{ %}$

→ *Die Bank verlangte 5,7 % Zinsen.*

9. Stichwortverzeichnis

Über die Website

Unter dem Motto „leichter Mathe lernen in der Community!" bietet dir das kostenlose Webportal mathetreff-online.de bei deinem Besuch viele Infos rund um das Thema Mathematik an. Die Inhalte sind hauptsächlich für Grund-, Haupt- und Realschüler optimiert, können aber auch für andere Schularten verwendet werden.

Die Website ist in drei große Bereiche unterteilt:

- Im Bereich Wissen findest du unser Mathelexikon. Damit angefangen, eine „normale" Formelsammlung für die eigene Realschule mit entsprechenden Beispielen bereitzustellen, finden sich heute über 760 Einträge von A wie Abbildungsmaßstab bis hin zu Z wie Zylinder. Als Ergänzung und „Mathelexikon2go" findest du hier auch unser umfangreiches Karteikartensystem zum Basteln.
- Im Bereich Action findest du Übungsaufgaben zu verschiedenen Themen zum Rechnen, aber auch Konstruktionen (natürlich mit entsprechender ausführlicher Lösung). Außerdem sind viele interaktive Lektionen verfügbar, die du direkt am Computer „durcharbeiten" kannst.
- In der Rubrik Fun gibt es viel Spaß. Hier findest du viele Matherätsel sowie Mathewitze, Quiz und online abrufbare Spiele sowie unzählige Bastelbogen, mit denen du allerlei mathematische Körper basteln kannst.

Grundsätzlich lässt sich die Website ohne Registrierung nutzen. Damit du selbst jedoch Forenbeiträge oder Kommentare schreiben kannst, ist eine kostenlose Registrierung erforderlich.

Wir freuen uns auf deinen Besuch unter https://www.mathetreff-online.de!

Einfach nebenstehenden QR-Code scannen und hinsurfen! Ich freue mich auf dich!